心有阳光，不惧远方

谭芳◎编著

国家一级出版社 中国纺织出版社 全国百佳图书出版单位

内 容 提 要

面对人生的孤寂和痛苦，我们要做向日葵，永远向着太阳的正面，永远保持内心的积极和正能量，无论多远的路途，我们都能够勇敢向前，并且最终到达幸福的终点。

本书详细剖析了生活中与幸福息息相关的诸多因素，那些挫折、苦难、忧虑、烦恼或许暂时会给人生带来一些消极的影响，但只要心向阳光，让灿烂阳光照射进内心，便会驱散阴霾，重新收获久违的幸福。

图书在版编目（CIP）数据

心有阳光，不惧远方 / 谭芳编著. —北京：中国纺织出版社，2019.4（2025.3 重印）

ISBN 978-7-5180-5946-1

Ⅰ.①心… Ⅱ.①谭… Ⅲ.①人生哲学—通俗读物 Ⅳ.①B821-49

中国版本图书馆CIP数据核字（2019）第024046号

责任编辑：闫　星　　特约编辑：李　杨
责任校对：江思飞　　责任印制：储志伟

中国纺织出版社出版发行
地址：北京市朝阳区百子湾东里A407号楼　邮政编码：100124
销售电话：010-67004422　传真：010-87155801
http：//www.c-textilep.com
E-mail：faxing@c-textilep.com
中国纺织出版社天猫旗舰店
官方微博http：//weibo.com/2119887771
三河市金兆印刷装订有限公司印刷　各地新华书店经销
2019年4月第1版　2025年3月第4次印刷
开本：880×1230　1/32　印张：7
字数：167千字　定价：69.80元

前言

人生总有一些泥泞和荆棘，只有心向阳光，才不会荒芜；只有从容面对，才不会患得患失。心中阴霾，便乌云密布；心向阳光，便春暖花开。不论遇到什么挫折和苦难，只要心向阳光，便可以不惧远方。

生命转瞬即逝，留不住的是昨天，看不到的是明天，如果把心思过多地沉浸在昨日的伤痛里，把过多的期望寄托于未来，便会忽略掉最珍贵的今天。心向阳光，便会驱散忧虑和烦恼，一切都会变得更加美好。努力就会看到希望，哪怕你现在一无所有，哪怕你失业了，哪怕你失恋了，从此刻开始，抛下懒惰和借口，轻装上阵打拼一个未来。

每个人都需要打开自己的心灵之窗，拂去尘埃，让心灵沐浴阳光，让心灵迎接人生的灿烂。心向阳光，便会消融一切的烦恼。在西方流传着一句谚语：烦恼是拜错了神。一个人心向阴霾，便会多出许多烦恼来。我们应该心向阳光，像向日葵一样，总是面朝阳光，你会发现生活中的一切苦难都会过去的，所有的困难都会迎刃而解。两个人同时在沙漠里迷了路，一个人整天忧郁，总担心自己会丧命在这荒无人烟的沙漠里；一个人心向阳光，一直不放弃生的希望，乐观积极地等待着。结果，前者真的倒在了沙漠里，而后者撑到了救援队到来的那一刻。心向阳光，会迸发出强大的乐观力量，乐观会让人们产生主观能动作用，改变看事物的角度，渐渐由量变发生质变，每天都呼吸着乐观的空气，便可以融化人生路上的“冰雪”。

心向阳光，知足常乐，我们便可以挽留住幸福的脚步。只要心朝着阳光的方向，我们便可以轻易发现生活的小美好，一点点雀跃便可以让内心得到满足，从而理解到幸福的真谛。大部分人的痛苦在于对自己的生活感到不满，他们总是这山看得那山高，总以为美好的风景都在别人那里，结果把大把的时间和精力都用在了烦恼上，所以无法感到真正的幸福。

生命周而复始，人生只有一次，不妨让阳光一路照射心灵，积极乐观地活着，活出生命的韵味，不辜负每一秒生命赋予的精彩。心向阳光，不惧远方，感恩生命，尽情地在这世界为自己而活。

编著者

2018年10月

目 录

第01章　知道自己要去哪里，
就没有任何坎坷难得住你　_ 001

心怀目标，笃行致远　_ 002

梦想，是路开始的地方　_ 004

心有方向，迈出下一步　_ 008

确立前进目标，为未来做好打算　_ 010

经营长处，找准属于自己的跑道　_ 012

第02章　多一点点勇气，你就能改变命运　_ 017

坦然面对逆境，寻找生机　_ 018

笑对挫折，积极向上　_ 019

没有心到不了的路　_ 021

从人生的磨砺中获得勇气　_ 025

坚持不懈，让苦难先认输　_ 028

第03章　人生可以平凡，但梦想不可辜负　_033

心中有诗意，生活有浪漫　_034

为了梦想，全力以赴　_038

执着于梦想，才能最终成就人生　_041

被嘲笑过的梦想，终会发光　_045

懒于行动，只能是空想家　_049

第04章　做一个勤奋努力的人，去遇见美好的明天　_051

努力不一定会成功，但一定有收获　_052

别把纵容自己当理由　_054

辛勤耕耘，挥洒汗水和泪水　_058

勤能补拙，可以迎来更好的未来　_061

承担责任，把信任感给别人　_065

完善自己，让自己越来越优秀　_069

第05章 经营你的人际关系，
没有任何成功只靠自己一个人 _ 073
储备资源，以备不时之需 _ 074
以真情换真情，打动对方 _ 077
积累朋友资源 _ 080
多交益友，一生有益 _ 083
提升自我价值，成为有魅力的人 _ 085
朋友资源，让你成倍收获 _ 089

第06章 感谢折磨你的人，
给了你积极奋进的力量 _ 093
调整心态，一切都有可能 _ 094
对手，会让你变得更强大 _ 096
改变自己，顺应职场生存规则 _ 099
忍耐，是人生的磨刀石 _ 103
前进的路，一定是泥泞路 _ 107

第07章 战胜负能量，
你才能有力气到达远方 _ 111

戒掉浮躁，静心思考人生 _ 112

理智思考，战胜恐惧 _ 115

保持愉悦乐观，谨患“心灵流感” _ 119

点燃生活的希望，成就丰富人生 _ 124

约束自己的情绪，保持冷静 _ 127

远离愤怒，沉着解决问题 _ 129

第08章 最好的自己，需要自己去创造 _ 133

努力，遇见最好的自己 _ 134

定期给自己内心清零 _ 136

提升自我，增强自己的价值 _ 140

点滴积累，终将超越平凡 _ 143

凡事都要从基础做起 _ 147

不断“修筑”自己，才能扬帆启航 _ 148

第09章 学会放下，
别让怨恨阻碍你前行的脚步 _153

成功的人生应善于宽容 _154

感恩生活，才能真正懂得人生 _156

学会原谅，别活在过往的阴影中 _159

努力在不公平的人生中找均衡 _161

先学会放下，才能不断向上 _163

第10章 你还在犹豫是否能行，
别人却早已在行动 _169

不如在行动中思考 _170

心动一万次，不如真正行动一次 _174

不要瞻前顾后，错失良机 _179

奋力追逐，抓住时间去努力 _181

高效执行力，改变现有处境 _184

第11章 人生总有不公平，
你必须学着适应和成长 _ 191

吃亏是福，但拒绝当“软柿子” _ 192

做个明白人 _ 195

平衡内心，将不幸转化为幸运 _ 199

不怕被利用，就怕没有用 _ 202

对“小人”不妨退避三舍 _ 205

参考文献 _ 211

第 01 章

知道自己要去哪里，就没有任何坎坷难得住你

一个人只要知道自己去哪里，全世界都会给他让路。人生的道路充满泥泞和坎坷，只要知道自己要去哪里，就没有任何坎坷难得住你，总会寻到“山重水复疑无路，柳暗花明又一村”的意外惊喜，找到属于自己的快乐。

心怀目标，笃行致远

那些但凡取得巨大成就的人，他们都必须知道自己想成就的是什么。当然，他们绝不像太平洋中没有指南针的船只一样，随风飘荡。成就梦想，定下目标是第一步，然后思考：如何达成自己的目标。这道理似乎听起来老生常谈，但是，令人惊讶的是，许多人都没有认清：为自己制订目标以及执行计划，是唯一能超越别人的可行途径。哈佛法学院教授德里克·博克曾说："我早已致力于我决心要保持的东西，我将沿着自己的路走下去，我们也无法阻止我对它的追求。"在人生的道路上，我们做任何事情都需要有立场、有目标，这样世界才会为你让路。

也许你现在与别人差距不大，那是因为你们距离起跑线不远，而不是你比别人聪明，或者说上天眷顾你，你是属于那10%、60%还是剩下的部分，只有你自己最清楚，不过，希望你能努力成为那10%的目标清晰的人。有目标、有远见的人往往可以走得更远，因为世界会为他们让路。

一个没有目标的人就像是一艘没有舵的船，永远过着漂泊不定的生活，只会到达失望和丧气的海滩。许多人即使付出了艰辛的努力，但还是无法成功。其实，这是因为他的目标总是模糊不清或者根本没有实际可行的目标。在生活中，一旦我们确立了清晰的目标，也就产生了前进的动力，所以，目标不仅仅是奋斗的方向，更是一种对自己的鞭策。

有人曾这样说，一个人无论他现在多大的年龄，其真正的人生之旅，都是从设定目标那一天开始的，之前的日子只不过是在绕圈子而已。要想获得成功，你就必须拥有一个清晰而明确的目标，目标是催人奋进的动力。如果你缺失了目标，即使每天你不停地奔波劳碌，还是无法获得成功，而成功者之所以能轻松地获得成功，那是因为他们的目标明确、眼光长远。

梦想，是路开始的地方

威尔逊曾说："我们因梦想而伟大，所有的成功者都是大梦想家：在冬夜的火堆旁，在阴天的雨雾中，梦想着未来。有些人让梦想悄然绝灭，有些人则细心培育、维护，直到它安然渡过困境，迎来光明和希望，而光明和希望总是降临在那些真心相信梦想一定会成真的人身上。"有人问：实现梦想的路在哪里？其实，心在哪里，路就在哪里。

当珍妮在上高中的时候，她的梦想就是考上美国的哈佛大学。由于毫无经验，又迫于高考的压力，她一边应付高考，一边申请学校，但是，她提出申请的四所美国大学都给她寄来了拒信。当收到拒信的时候，珍妮非常伤心，那意味着自己无法实现儿时的梦想了，她为此哭了三天三夜。在4个月之后，她还是硬着头皮坐在高考的考场，最后考去了上海。

在高考之后的那个暑假，珍妮从来没有忘记过自己最初的梦想，她希望自己再奋斗四年，一定要去哈佛大学。在大学里，珍妮将全部的时间和精力都投入到学习中，不管是在学习还是学校的各种实践活动中，她永远都是最优秀的那个人。大学四年，珍妮不但是一个大型学会组织的主席，而且还成功组织了一次覆盖上海多所高校的比赛，吸引了数家赞助商。在大学，她除了是国家奖学金的获得者之外，而且还能说一口流利的英语、西班牙语和日语。

或许，像珍妮这样优秀的女孩子，完全可以在大学毕业之后找个待遇丰厚的职位，即便是世界500强企业也可以随便挑选，她又为什么要如此坚持要去哈佛大学呢？事实上，珍妮当然想过放弃哈佛大学，她也想早点争取经济独立，为家庭减轻负担，而去哈佛大学，将意味着需要家里更大的经济支持；此外，她也希望自己像一个普通女孩子那样，穿着光鲜亮丽的衣服，戴着好看的首饰……这样一想，哈佛大学似乎没有想象中那么神圣了。

不过，当珍妮静下心来思考这个问题的时候，她忽然意识到自己是被生活中的各种华丽的诱惑模糊了视线。她撇开一切，只选择一样东西，那会是什么呢？于是，她最后写下了“哈佛”，然后在后面写着“坚持不懈”，这个最初根植于自己内心的梦想，那才是自己真正渴望的东西，才是自己内心的真正选择。

珍妮现在正在哈佛大学读研究生，她是那么优秀，才华横溢，能力卓尔不群，而且人也长得非常漂亮。当然，她可以像大多数普通的女孩子一样，大学毕业后嫁个不错的男人，过着衣食无忧、相夫教子的日子，但是，她没有选择这样的生活，而是坚持内心的选择，从而实现自己最初的梦想。

由于家庭的原因，她在高中毕业就放弃了继续升学的机会，而是选择在女子商学院的夜校学习。偶然有一次，她在夜校附近的饭馆吃饭的时候，看到一件事情：一位客人想在饭馆里暂时寄存自己的行李，但是却遭到了饭馆老板的冷淡拒绝。这令她感到不解，她认为饭馆老板可以答应帮忙寄存行李来达到宣传自己饭馆的目的，为什么他不那么做呢？

这一件小事，让她决定了要在餐饮界发展。此后，她转入烹饪学校学习。无论自己经济是如何的困难，她都坚持学习下去，甚至宁愿省下自己的生活费去听一堂课。后来，她开始尝试着在大学路经营一家面食店。她本着“亲切服务”的原则，这家小小的面食店很快名声大噪，从最初仅有一个灶台和五种菜品的小店发展成为附近最有名的美食店。

虽然她身处逆境，但是当她立下志向之后却从来没有改变，心在哪里，路就在哪里，丝毫没有退缩，一直把自己当作人生的主角。无论遇到什么困难，她都能凭着自己的力量去克服它，并且以主角的姿态演出自己的人生剧本。

人生的最大意义在于奋斗，为自己的梦想而奋斗，这会令一个人感到充实和快乐，有梦想的人从来不会感到空虚，因为他们懂得自己内心最想要的是什么，并且朝着这个方向不懈地努力。

马云曾说：“第一，有梦想。一个人最富有的时候是有梦想，有梦想是最开心的。第二，要坚持自己的梦想。有梦想的人非常多，但能够坚持的人却非常少。阿里巴巴能够成功的原因是因为我们坚持下来。在互联网激烈的竞争环境里，我们还在，是因为我们坚持，并不是因为我们聪明。有时候傻坚持比不坚持要好得多。”

心有方向，迈出下一步

在韩国首尔大学，有这样一句校训：“只要开始，永远不晚。人生最关键的不是你目前所处的位置，而是迈出下一步的方向。”这句话的含义是，任何理想不经过实践和行动的证明，都将是空想。只要你心有方向，立即行动，任何理想都有实现的可能，相反，没有方向的路，走得再多也是徒劳。

同样，追求梦想的过程也不是一帆风顺的，无数成功者为着自己的理想和事业，竭尽全力，奋斗不息。孔子周游列国，四处碰壁，乃悟出《春秋》；左氏失明后方写下《左传》；孙膑断足后，终修《孙膑兵法》；司马迁蒙冤入狱，坚持完成了《史记》。伟人们在失败和困顿中，不屈服，立志奋斗，终于到达成功的彼岸。当今社会，很多人却以失败告终，为什么呢？他们把问题归结于外在如时运不济、天资不够等。持这种观点的人，只看到问题，却看不到解决问题的方法；只看到困难，却看不到自己的力量；只知道哀叹，却不去尝试解决问题。这样的人永远也不可能成功。

而实际上，生活中，很多人因为无法承担追求梦想带来的困难和痛苦，就追求安稳的生活，每天两点一线，上班、回家，回家、上班，逐渐对梦想失去激情，而当他们看到他人风光无限或是衣食富足时，又嫉妒得要命。天上不会掉馅饼，即使掉了也不一定会砸到你的头上，凡事有因才有果，你付出了才能有回报，甘于现状、不思进取却又企望富贵发达，这就是“白日做梦”。

我们每个人都应该明白一个道理，说一尺不如行一寸，也只有行动才能缩短自己与目标之间的距离，只有行动才能把理想变为现实。成功的人都把少说话、多做事奉为行动的准则，通过脚踏实地的行动，达成内心的愿望。

诚然，我们渴望成功，都有自己的梦想，但梦想并不是参天大树，而是一颗小种子，需要你去播种，去耕耘；梦想不是一片沃土，而是一片莽荒之地，需要你在上面栽种上绿色。如果你要想成为社会的有用之才，你就要“闻鸡起舞”，甚至“笨鸟先飞”；如果你想创作出精神之作，就需要你呕心沥血……梦想的成功是建立在阶段性目标的基础上的，需要以奋斗为基石。如果你要实现你心中的那个梦想，就行动起来吧，去为之努力，为之奋斗，这样你的理想才会实现，才会成为现实。

确立前进目标，为未来做好打算

我们都知道，任何一个有理想、有追求、有上进心的人，一定都有一个明确的奋斗目标，他懂得自己活着是为了什么。因而他的所有努力，从整体上来说都能围绕一个比较长远的目标进行，他知道自己怎样做是正确的、有用的，否则就是做了无用功，或者浪费了时间和生命。显然，成功者总是那些有目标的人，鲜花和荣誉从来不会降临到那些没有目标的人的头上。

我们每个人都应该早立志，要尽早为未来的幸福生活做打算，你要想成为自己想成为的模样，就要趁早努力。因为目标是一切成就的起点。一个人，只有确立了前进的目标，他才会最大可能地发挥自己的潜力。除此之外，努力是实现目标的唯一途径，只有不断努力，我们才能检验出自己的创造性，才能锻炼自己、造就自己。

人生是一个不断积累的过程，要想获得幸福，要想成为你想成为的人，你就要现在开始努力，树立一个切实可行的目标，制订奋斗的目标，然后勇敢地去执行，相信你能收获一个丰富多彩的人生。

在很多渴望成功的人眼里，石油大王洛克菲勒是他们学习的榜样。他能从一无所有到拥有现在的商业帝国是一个传奇，但事实上，这却是他持之以恒、积极奋斗的回报，是命运之神对他艰苦付出的奖赏。他曾经对他的儿子说过这样一句话："我们的命运由我们的行动决定，而绝非完全由我们的出身决定。"我们也需要记住，一个人的命运如何，是掌握在自己手里的，出身只能决定我们的起点，不能决定我们的终点，对此，洛克菲勒的人生轨迹可以加以证明。

人只有树立了目标，内心的力量和头脑的智慧才会找到方向。目标是对于所期望成就事业的真正决心。如果一个人没有目标，就只能在人生的旅途上徘徊，永远到不了任何地方。正如空气对于生命一样，目标对于成功也有绝对的必要。如果没有空气，人就不能生存；如果没有目标，人就不能成功。

如果你希望在未来过上幸福的生活，从现在开始，你就要早做打算，就要从现在开始努力。并且，再也不要被那些消极的思维左右自己了，不要认为自己年纪大，不要认为自己愚笨，成为一个积极向上的人，培养自己的热忱，找到自己的目标，我们就能为现在的自己做一个准确的定位，就能实现自己的人生目标。

经营长处，找准属于自己的跑道

我们都承认一点，每个生存于世的人都是特别的，都是单独的个体，人与人虽然没有优劣之分，但却有很大的不同。人生的路上，摆在我们面前的有千百条路，但真正适合你的路才有助于你的发展，我们每个人都要知道自己的特长在哪里，都应该量力而行，都应该审时度势，努力寻找有利条件，不能坐等机会，要自己创造机会，这是个不断尝试和摸索的过程。大器晚成的摩西奶奶就曾告诫年轻人：“去尝试，去选择。”她的成就也是得益于她找到了适合自己的一条路，从而实现了自己的价值。

同样，每一个人都应该尽力找到自己的最佳位置，找准属于自己的人生跑道。当你的事业受挫，不必灰心也不必丧气，相信坚强的信念定能点亮成功的灯盏。

松下幸之助曾说，人生成功的诀窍在于经营自己的个性长处，经营长处能使自己的人生增值，否则，必将使自己的人生贬值。他还说，一个卖牛奶卖得非常火爆的人就是成功，你没有资格看不起他，除非你能证明你卖得比他更好。

据说，有一次，爱因斯坦上物理实验课时，不慎弄伤了右手。教授看到后叹口气说："唉，你为什么非要学物理呢？为什么不去学医学、法律或语言呢？"爱因斯坦回答说："我觉得自己对物理学有一种特别的爱好和才能。"

这句话在当时听似乎有点自负，但却真实地说明了爱因斯坦对自己有充分的认识和把握。而现实生活中，一些人在人生发展的道路上，却把命运交付在别人手上，或者人云亦云、盲目跟风，他们忽视了自己的内在潜力，看不到自身的强大力量，甚至不知道自己到底需要什么，不知道未来的路在哪里。于是，他们浑浑噩噩地度过每一天，一直在从事自己不擅长的工作和事业，以至于一直无所成就。

尺有所短，寸有所长。人也是这样，你这方面弱一些，在其他方面可能就强一些，这本是情理之中的事情，找到自己的优势和承认自己的不足一样，都是一种智慧。其实每个人都有自己的可取之处。如你也许不如同事长得漂亮，但你却有一双灵巧的手，能做出各种可爱的小工艺品；如你现在的工资可能没有大学同学的工资高，不过你的发展前途比他的大；等等。

成功学专家A.罗宾曾经在《唤醒心中的巨人》一书中非常诚恳地说过："每个人都是天才，他们身上都有着与众不同的才能，这一才能就如同一位熟睡的巨人，等待我们去为他敲响钟声……上天也是公平的，不会亏待任何一个人，他给我们每个人以无穷的机会去充分发挥所长……这一份才能，只要我们能支取并加以利用，就能改变自己的人生，只要下决心改变，那么，长久以来的美梦便可以实现。"

一个人在这个世界上，最重要的不是认清他人，而是先看清自己，了解自己的优点与缺点、长处与不足等。搞清楚这一点，就是充分认识到了自己的优势与劣势，容易在实践中发挥比较优势，否则，无法发现自己的不足，就会使你沿着一条错误的道路越走越远，而你的长处却被你搁浅，你的能力与优势也就受到限制，甚至使自己的劣势更加劣势，使自己处在不利的地位。所以，从某种意义上说，是否认清自己的优势，是一个人能否取得成功的关键。

当然，要想发展自身的优势，首先要做到对自我价值的肯定，这不但有助于我们在工作中保持一种正面的积极态度，进而转换成积极的行动，也是一项超强的利器。

第02章

多一点点勇气，你就能改变命运

鲁迅曾说：“伟大的心胸，应该表现出这样的气概——用笑脸来迎接悲惨的厄运，用百倍的勇气来应付一切的不幸。”临危不惧是一种勇气，视死如归更是一种勇气，勇气是可以改变世界的力量。

坦然面对逆境，寻找生机

随着社会的发展，人们的生存压力越来越大。尤其是很多现代人，常常感觉到自己被压迫、被吞噬，即将窒息。在这种情况下，人们难免产生无能为力的感觉，觉得自己非常疲惫，也无处遁逃。尤其是在现代的大都市，人们的这种心理现象越来越严重。特别是在遭遇坎坷挫折或者遇到无法解决的难题时，这种无力感更加严重。面对无法超越的困境，大多数人的第一反应就是抱怨，或者是愤怒。殊不知，不管是抱怨他人，还是对着自己生气，都无法改变已经发生的事情，也无法改变即将到来的事情。既然如此，为何不摆正心态，淡定地勇敢面对呢?

面对困境，最重要的是想办法解决问题，而不是一味地受到坏情绪的驱使，使得自己的生活变得更加糟糕。我们必须认清现实，即不管是顺境还是逆境，不管是坦途还是坎坷的路，都是人生之中合理的存在。这样一来，我们才能淡定地对待这些突如其来的磨难，也能保持理智的思考，迎难而上。曾经有心理学家经过研究证实，人在愤怒的时候智商急速降低。从这个角度而言，我们也应该尽量避免愤怒，因为愤怒不但于事无补，还有可能使事情变得更加糟糕！所以，每当身处逆境，我们都要保持淡定从容，这样才能理智应对，圆满解决问题。

这就如同一个落水的人一样，如果不去挣扎，一旦沉入水底，就再也没有机会浮到水面上。每一个溺水者必须拼命挣扎，才能保持在水面上，才能帮助自己争取到获救的机会。在人生之中遭遇困境，何尝不像溺水呢？我们只有坚持不懈到最后一刻，才能得到生机。

笑对挫折，积极向上

人们常说，心态决定命运。由此想来，那些心态积极的人，才能拥有成功的人生，那些成功的人，也必然拥有积极的心态。在漫长的一生之中，我们难免会遇到各种各样的困境，也会遭遇坎坷和挫折。假如没有好的心态，一遇到困难就歇斯底里，或者放弃努力，那么我们的人生必然会因此陷入沮丧绝望，甚至再也无法赢得任何机会。要想成为人生中真正的强者，我们必须培养自己的积极心态，这样我们才能坦然面对人生中的风雨坎坷和泥泞，也才能最大限度发挥自身的主观能动性，把一切磨难都视为对我们的锤炼，从而从容面对。

在压力倍增的现代社会，很多人都觉得生存艰难，因为竞争激烈，机会也变得越来越少。由此，几乎每个现代人都承受着空前的压力，导致有些人渐渐失去道德和良心，也变得越来越不择手段。尤其是当人生不如意的时候，他们更加沮丧绝望，也更加变本加厉地对待他人。殊不知，如此恶劣的心态只会使他们的人生更加沉沦，也会使他们的心越发迷失方向。其实，人生之中遇到小小的不如意都是正常的，这并不意味着我们的人生彻底失败。正如海明威笔下的桑迪亚哥老人所说，人可以被打倒，但不能被打败。可以说，只要我们心中怀着必胜的信念，永不言败，就没有任何人能够打败我们。通常，我们之所以失败，是因为我们发自内心地感到沮丧绝望，而成为彻底放弃人生的失败者。

毋庸置疑，在这个世界上，只有少数人能够获得成功，大多数人都过着平庸的生活。和成功者的潇洒乐观相比，失败者总是显得悲观绝望。其实，失败者并非因为能力不足或者其他诸如此类的原因导致失败，最根本的心结在于他们的内心。大多数失败者在没有走上成功之路时，首先就断定自己会遭遇失败。如此一来，缺乏积极信念的指引，他们还如何能够获得成功呢！大名鼎鼎的发明家爱迪生之所以能够尝试几千种灯丝材料，进行数千次实验，就是因为他坚定不移地相信自己一定能够获得成功。也正因为他的坚持不懈，整个世界才能更早地拥抱光明。朋友们，挫折是人生的常态，面对人生的坎坷逆境，我们一定要保持积极乐观的心态，才能真正战胜困难，也才能拥有成功的人生。

没有心到不了的路

在心的指引下，我们的脚步会走遍世界的每一个角落，但是如果我们的心感到畏缩和怯懦，我们的脚步就会犹豫不决，止步不前，从而导致我们的人生受困于我们的心，无法寻找到广阔的人生天地。

一个人可以很平凡，但是绝不能平庸，更不能在人生道路上畏畏缩缩。所谓胆识，从本质上来说是一种很重要的心理表现，而且也有一种关键的心理资源。有胆识的人，在面临抉择时，总是能够敢想敢干，充满英雄气概，因而使得人生波澜壮阔、气势恢弘。但是对于人生而言，机会很少，唯有抓住千载难逢的好机会，才能得到人生最美好的馈赠。

常言道，只有去别人不敢去的地方，我们才能找到最美好的钻石。这句话的意思告诉我们，唯有敢于冒险，才能让人生别有洞天，赢得人生的丰厚回报和馈赠。由此可见，现代很多人都在高投资，要想得到高回报，必须承受高风险。

在世界历史上，犹太人尤其聪明，充满智慧。他们眼光独到，因而在全世界都有着很好的口碑。他们胆识过人，对于很多危机都能发现生机，从而凭借积极乐观的精神在逆境中锐意进取，出乎意料地夺得成功。他们之所以能够成为举世闻名的商人，就是因为他们极富冒险精神。

20岁那年，摩根毕业于德国哥廷根大学。没过多久，他就去了邓肯商行学习。邓肯商行位于纽约华尔街。

有一天，老板让摩根去古巴的哈瓦为其采购物资。摩根乘船出海，来到了新奥尔良港口。当他登岸之后，一位咖啡船的船长邀请摩根去酒馆喝酒，他想和摩根做一笔生意。原来，船长刚刚从巴西运了一船咖啡过来，但是因为买家临时爽约，所以这船咖啡只能由他自己处理。船长很无奈，因为如果这船咖啡卖不出去，他就无法继续接下来的航行。思来想去，船长决定半价出售这船咖啡。摩根当然知道巴西的咖啡品质上乘，因此当即表示心动。身边的朋友全都劝说摩根一定要谨慎再谨慎，因为他们认为也许船长故意拿了好的咖啡来给摩根看，而整船的咖啡却是品质较低等级的。毕竟，在这个港口上，曾经有很多人都被船员欺骗过。

摩根经过认真的思考，决定抓住这个千载难逢的好机会，冒险买下这一整船的咖啡。没想到，摩根买下咖啡没多久，巴西咖啡就因为天灾导致产量锐减，因而咖啡的价格越来越高，摩根赚了个盆满钵满，得到了人生的第一桶金。后来，摩根在一生之中数次冒险，正因为他的这种精神，他才能得到丰厚的回报。

现代社会，很多年轻人都安于现状。尤其是独生子女这一代，大多数人都因为从小娇生惯养，根本没有独立自主的好习惯。他们从小习惯了衣来伸手、饭来张口，因而不愿意多操心，更不想为了生活劳累奔波。由此一来，他们的人生也是按部就班，从不积极主动，更不开拓创新。正是这种按部就班和安于现状，使得他们的生活一成不变，也导致他们的人生碌碌无为。

生活中，也许有些人的天赋和能力相差无几，但是最终他们的人生却迥然不同。这都是因为人们的胆识不同导致的。尤其是现代职场上人才辈出，我们唯有更加积极主动地面对人生、抉择人生，才能得到命运的青睐和馈赠，从而使我们的人生与众不同、璀璨夺目。当然，我们也要区分胆识与莽撞的区别。要知道，胆识不是鲁莽地冒险，更不是莽夫的行为，而是一个有着独到眼光的人，在面临抉择时，能够表现出与众不同的魄力，从而审时度势，勇敢地展开行动。

从人生的磨砺中获得勇气

说起勇气，很多人都陷入一个误区，误以为自己必须豪气干云、赴汤蹈火，才能算得上真正的勇士和英雄。实际上，那都是特殊时期的壮举，对于现在的和平年代，勇气就是指我们虽然可以害怕，但是却能突破内心的囚牢，依然执着前行。现代这个社会，我们只要真诚地付出了，就会赢得更多的机遇。如果我们坐井观天、闭门造车，机会不会主动来敲我们的门。因此，我们不需要极大的勇气，只需要小小的勇气，就能推动我们在人生之路上继续前行，从而进入人生新天地。

现实生活中，让人心生恐惧的东西真的太多了。我们害怕自己处理不好人际关系，导致招人怨恨；我们害怕自己选择的事业没有前景，最终竹篮打水一场空；我们害怕人生命途多舛，任何时候都无法顺心如意；我们害怕人生苦短，来不及做很多事情……人生，的确有着太多的未知和危机，但是这一切都不能成为我们害怕和担忧的理由。我们如果丧失勇气，就会失去对命运的掌控和把握，导致我们的命运沉沦下去，没有任何扭转的机会。所以朋友们，不管人生的路上即将面对什么，都让我们鼓起勇气勇敢前行吧。假如我们与生俱来就很幸运地充满勇气，那么我们的人生必然充满激情和张力；如果我们生而胆小怯懦，那么就让我们的人生保持淡定平和，就让我们在人生的磨砺中得到勇气吧。

作为某保险公司的董事长，刘伟同时还经营着另外一家公司。他从小家庭贫困，完全是因为自己努力奋斗，才得到了今天的成就。早在还是孩子时，刘伟就极具商业头脑。其实，与其说他具备商业头脑，不如说生活逼迫得他不得不穷人的孩子早当家。他先是卖报纸，后来又从事过很多卑微的工作，没少遭人白眼和拒绝。直到18岁那年，刘伟走入一幢高楼，从此成为一名推销员，正式开始保险推销生涯。无数次陌生拜访中，青涩的刘伟都表现出与自己的年龄不相符的成熟与老练，面对一次次拒绝和白眼，他都觉得是家常便饭，根本不以为然。因此，他成为整个保险公司中，心理承受能力最强的推销员。与此同时，他也是全公司最勤奋的推销员。进入公司没多久，他就凭着跑断腿磨穿鞋底的精神，推销出去好几份意外保险。尽管金额不多，但是业绩可喜。

后来，刘伟在保险的路上越走越远，最终成立了属于自己的保险销售点，每个月业绩都在公司名列前茅。因为拥有勇气，刘伟成就了自己不俗的人生。但是如果连这点勇气都没有的话，可想而知刘伟的人生将会在穷困潦倒下沉沦。

朋友们，不要觉得勇气都是要感天动地的。只要我们有心，能够抓住生活中的契机，哪怕是小小的勇气，都能改变我们的人生轨迹，让我们的人生变得更加精彩。其实，成功和失败之间只隔着一扇门。这扇门有的时候是完全关闭的，需要我们想方设法才能打开，有的时候却是虚掩着的，轻轻一推就能打开。但是前提是，我们必须走到这扇门前，才有机会探索这扇门的虚实。所以朋友们，我们距离成功之间，只隔着小小的勇气。从现在开始，就让我们鼓起小小的勇气，勇敢地推开我们与成功之间的那扇门吧。无论结果如何，我们都要坦然面对，哪怕打开门之后面对失败，我们也无怨无悔。毕竟，没有切实地迈开这一步，我们距离成功永远非常遥远。

坚持不懈，让苦难先认输

不管我们喊着多么响亮的口号要与苦难斗争到底，很多时候，我们依然会被苦难击倒。毕竟，一个人的能量是有限的，当能量消耗殆尽，也就是苦难即将反扑的时刻。我们越是在苦难面前感到即将崩溃，难以继续支撑下去，就越是要全力坚持，因为此时此刻，不仅你坚持不下去了，苦难也同样坚持不下去了。这就如同两个人正在掰手腕，正在僵持不下的时刻，掰手腕的两个人都会觉得难以为继。在这千钧一发的时候，是放弃，还是继续坚持下去，找准时机发力呢？相信大家都会毫不迟疑地选择后一种做法，因为唯有如此，我们才能瞅准机会，获得成功。

不如，我们就把苦难当成是与我们掰手腕的那个对手吧。我们必须相信，当我们感到手腕酸痛、肌肉僵硬时，苦难也已经筋疲力尽、无以为继了。所以，只要我们坚持下去，就一定能够等到苦难先放弃、先退缩，我们理所当然能够获得成功。

一分耕耘，一分收获。如果没有耕耘，人生也就没有收获。正如春天播种，秋天才能硕果累累一样，人生也需要我们不断耕耘和付出。作为伟大的成功学大师，拿破仑认为，人们之所以失败，是因为大自然觉得人们需要用失败来提炼自己的内心。因此，拿破仑始终觉得人应该坦然面对失败，发自内心地接受失败的历练。这样一来，我们的人生才能跟随命运的车轮不断向前，最终获得丰收的喜悦。

毋庸置疑，每个人在面对苦难的时候，内心深处都会受到莫大的煎熬。无论如何我们都不能放弃努力，因为我们越是退缩，这份苦难和痛苦就越会变得沉重。相反，当我们悦纳人生的苦难，我们就能发自内心地接受苦难，从而获得平静淡然，成功走过人生的黑暗岁月。

1969年，年仅17岁的毕淑敏来到部队，成为了一名光荣的人民解放军战士。她和战友们一起身穿军装，从北京出发，奔赴遥远的新疆。在当时的交通条件下，奔赴新疆需要6天的时间。6天之后，他们才到达新疆喀什。除了毕淑敏和其他5名女兵继续坐车出发，赶赴藏北之外，大多数战友都留在了喀什。要知道，喀什的海拔高度是3000米，而藏北的海拔高度则达到6000米。她们的目的地是阿里，那也是毕淑敏即将正式开始军旅生涯的地方。

1971年，毕淑敏参加了一次野外拉练。当时正值寒冬腊月，她们几个女兵背起急救箱、枪弹和干粮等总重达到60斤的东西，顶着-40℃的严寒，出发了。凌晨3点，她们接到命令，要徒步120里路，穿越无人区，而且中间不能有片刻休息。当天下午两三点时，毕淑敏觉得自己体力不支，身体非常难受，而且嘴巴深处都是咸涩的鲜血。她不由得想要自杀，可想而知她忍受着多么剧烈的痛苦。随后，她开始寻找机会，终于发现了一个悬崖。但是走向悬崖的刹那之间，她突然想到身后距离她很近的战友，有可能受到她的牵连也掉落悬崖，就这样她犹豫了，错过了自杀的机会。天黑时，她们顺利抵达了目的地。看着毫发无损的自己，毕淑敏意识到，她即便经受了难以忍受的痛苦，身体上却毫无损伤。由此她发现，所谓的崩溃并非是身体无法支撑下去，而只是人的精神和意志不愿意继续支撑。只要怀着必胜的信念，决不放弃，总是能够熬过那些艰难的时刻。

的确，很多时候我们都以为自己再也无法支撑下去了，但在苦难之后，却发现自己成功熬过了苦难，而且毫发无损。这就意味着人并非是因为身体上的无法忍受而倒下，而是因为精神上的坍塌，所以变得无比脆弱。正如打牌一样，我们就算是抓到一副不好的牌，也不能当即把牌扔掉，重新洗牌。人生也是如此，我们只能坚持走下去，走到最后一刻，竭尽所能地得到好的结果。尤其是经历苦难之后的幸福，反而更加可贵，能够让我们的人生变得充实而又伟大。朋友们，从现在开始，我们就要牢记，我们唯有坚持不懈，才能让苦难先认输。

第 03 章

人生可以平凡，但梦想不可辜负

心中有诗意，生活有浪漫

小时候，我们每个人都有很多关于人生的梦想，那时候我们还很天真，以为只要自己认真努力、不懈拼搏，就一定能够实现人生所有的梦想。随着年龄渐渐增长，少年时代的我们更是多了几分浪漫，甚至以为人生的未来必然是绚烂多彩的。直到真正长大成人，我们才发现生活的残酷，也意识到生活原来就是艰难地挣扎，也是痛苦地忍耐。那些梦想在生活的煎熬中渐渐干枯，甚至被沉在心底，再也不曾提起。但是，终有一天我们会发现，没有梦想的人生是很难熬的，也必然苦涩。这时候，我们再次想起人生的梦想，却发现一切都变得遥不可及，甚至变得模糊不清，看不到本来的面目。

其实对于人生而言，即便拥有再多的财富，也抵不上一颗赤子之心。大多数获得精彩人生和成功人生的人，他们都拥有赤子之心。在漫长的人生旅途中，拥有赤子之心的人不管遭受多少艰难坎坷，都始终不忘初心，勇往直前。最重要的是，他们对生活总是充满热爱，因而能够最大限度地拥有完美的人生。

很多人理解的成功人生，都是以金钱、名利和权势为标准的。殊不知，真正成功的人生，是拥有内心的淡定平和，也拥有对人生的执着热爱。人生的赢不总是获得，更多时候能够从容放下，才是人生豁达乐观的表现。人生的输也未必是失去，唯有保持一颗生生不息的心，我们才能更加从容地面对得失。总而言之，对于每个人而言，成功和失败的标准都是不同的，而且每个人也都应该拥有属于自己的人生，不要盲目羡慕他人的成功。

古人云，宠辱不惊，闲看庭前花开花落，去留无意，漫随天外云卷云舒。这样豁达的心境，是每个人都想要拥有的，也是在人生之中时时处处修炼才能得到的。

很多人都曾把日子想成一首诗，最终却在人生的真相一步步被揭开的时候，发现日子并不是诗，也不可能成为诗。殊不知，日子是否是诗，并不在于生活是顺遂还是坎坷，而在于我们的内心。正如一位名人所说，这个世界上并不缺少美，缺少的只是发现美的眼睛。我们也要说，这个世界上并不缺少诗意和浪漫，缺少的是拥有诗意和浪漫的心。假如我们始终能够怀着诗意看待生活，生活必然变得浪漫，就像我们怀着爱看待自己喜欢的人一样，总是把他们的缺点也看成优点。这就是生活的神奇和魅力之处。

如今，网络上流传着一句话，叫生活不止苟且，还有诗和远方。其实，诗并非都在远方，而更多地在我们的心里。唯有保持一颗充满诗意的心，即使不远走，我们也能够寻找到诗意和浪漫，也能给予生活更加美丽的真相。

诗意的生活必然是幸福的，然而每个人对于幸福的定义却不尽相同，甚至相去甚远。举个最简单的例子，一位富翁赚取了更多的钱，对他而言只是账面上的财产数增加了而已，不能给他带来任何切实的幸福。相反，一个乞丐在凌冽寒风中乞讨，得到了一碗热粥，他喝完这碗热粥感到非常幸福，甚至比富翁赚取了更多财富更加幸福，这就是幸福与金钱之间最本质的关系。它们并不像我们所想的那样呈正比，有的时候还恰恰相反，即金钱的增多甚至给人们带来更多的烦恼。归根结底，人活着就要讲究心态。唯有保持积极乐观的心态，我们才能得到更多的幸福和快乐。可以说，快乐幸福的人生原本就是一首诗，一首美丽浪漫的诗。

当然，人生并不总是一帆风顺的，也不会像人们所期盼的那样永远顺利。面对命运的坎坷，我们唯有保持淡然的心境，兵来将挡，水来土掩，才能享受人生的平静。否则，一惊一乍的人是不可能得到命运的善待。

要想拥有诗意的人生，还要注意不能斤斤计较。很多时候，不能顺遂如意是人生的真相，我们即便吃了亏又有什么关系呢，正所谓吃亏是福。还有的时候，因为各种各样的原因，我们会走很多弯路，在这种情况下，我们与其抱怨人生曲折，不如随遇而安，看看沿途更多的风景，也许能够给予自己与众不同的体验。很多时候，我们遭遇人生的困境，当时觉得自己简直难以熬过去，事后才发现那只是人生中一个很有锻炼意义的时刻，帮助我们提高了自己。曾经有记者采访百岁老人的人生感悟，这个老人只说了一个字“熬”，恰恰是这个字道出了人生的真谛。的确，在很多艰难的时候即便觉得自己无计可施，也要顽强不屈地熬下去，使其成为我们人生中宝贵的经历。

人生就像是一首旋律优美的歌，时而低沉，时而高亢，时而平缓，时而湍急。作为人生的主宰，我们必须调整好自己的心态，让自己拥有诗意的心灵，找到人生诗意的栖息地。

为了梦想，全力以赴

梦想都是人生的引航灯，能够帮助我们指引人生的方向，也教会我们如何更好地努力，获得成功。但是偏偏生活中的大多数人都没有梦想，他们的梦想只停留在三年级写作文时的阶段，他们的梦想永远是心中遥不可及的梦，他们的梦想成为梦中的设想和假想，归根结底，始终没有实现的可能。到底是梦想远离了他们，还是他们抛弃了梦想？只有弄清楚这一点，我们才能把人生与梦想更好地结合起来，让它们相辅相成，也让我们的人生更加顺利地扬帆起航。

当然，生活中也不乏有人始终牢记着自己的梦想，并且为了梦想不遗余力地打拼，然而他们的付出始终没有得到回报，即便他们累了倦了，也依然没有看到梦想的曙光。在这种迷惘的情况下，到底是继续坚持梦想，还是审时度势地放弃梦想；面对人生的十字路口到底是往左还是往右，这的确是让人纠结的选择，也是让很多人都感到为难的局面。实际上，我们在一生之中总是不停地舍弃，因为放弃与得到并非那么绝对，我们的人生也在得失之间不停地交错。答案是，无论放弃什么，也不要放弃梦想，因为取舍之间的人生唯独梦想不可辜负。

即使拥有再多，如果没有梦想，人生也是匮乏的。相反，即使人生遭遇贫穷和困境，哪怕一贫如洗，只要拥有梦想，也是富足的。梦想是希望，是期盼，是人生的未来所在。假如没有梦想，我们的人生也会失去方向，甚至变得如同茫茫大海上的一叶扁舟，根本找不到正确的方向。当然，我们也不能让梦想永远停留在梦和想的阶段，而是要勇敢地迈出去，把梦想变成切实的行动。人生苦短，没有梦想的人生是苍白无力的，不曾实现梦想的人生是充满遗憾的。为了梦想，我们要不遗余力、全力以赴。

这么多年来，马大爷一直都在为了家庭而奔波忙碌，和妻子一起养大了三个孩子，供养他们上大学，又操持他们结婚生子，直到马大爷退休之后才真正迎来了属于自己的生活。刚刚摆脱工作的羁绊，马大爷还有些不适应呢，毕竟他已经工作了四十多年，一下子闲下来觉得内心很空虚。在度过几个无聊的日夜之后，马大爷突发奇想，决定要去学习绘画。原本，不管是老伴还是子女都反对他的决定，毕竟他已经60多岁了，没有必要再付出那么多，劳神费力。然而，马大爷却振振有词："我小时候家里穷，没有钱供我学画画；后来成家立业又要照顾家庭，没钱也没时间学画画。你们却不知道，画画是我毕生的梦想，如今有钱有时间了，我希望你们都能支持我。"听到马大爷的话，孩子们都很感动也很愧疚，因而全都改变态度，支持马大爷学画画。大女儿还特意为马大爷报名了一个绘画班，二女儿专门给马大爷购置了成套的绘画工具，小儿子则给马大爷买了辆电动自行车，方便他去上课的时候骑行。

出乎所有人的预料，马大爷非但没有因为学习绘画感到辛苦劳累，反而每天都兴致盎然地上课下课，整个人都变得年轻很多，精神抖擞。看着马大爷的变化，全家人都觉得高兴极了。

马大爷之所以再次恢复青春活力，就是因为他做的是自己喜欢的事情，而且对这件事情充满热爱。这就是梦想的力量，它能让人们在年老之后重新恢复活力，也能帮助人们排遣寂寞和忧愁，变得快乐起来。对于任何年龄段的人而言，梦想都是人生之中不可或缺的支柱。在梦想的力量下，我们的人生必然更加精彩纷呈。

现代社会，人们的生活水平越来越高，很少因为物质的局限导致无法做自己喜欢的事情。我们每个人都应该珍惜自己的梦想，千万不要把梦想停留在小学阶段的作文之中。只有心中时刻牢记梦想，抓住一切机会实现梦想，我们的人生才能更加充实，才能充满动力。与此同时，我们也应该努力挖掘自身的潜力，要相信只要我们付出100%的努力和坚持，就一定能够实现梦想！

执着于梦想，才能最终成就人生

每个人都有自己的梦想，有些人把梦想束之高阁，被迫接受庸俗的人生，最终活得黯然失色，有些人则始终心怀梦想、牢记梦想，最终实现梦想，也成就辉煌的人生。这就是人们的天赋和客观条件相差无几，但是人生却迥然不同的原因。只有真正坚持梦想，且为了梦想坚持不懈地努力与付出的人，才能得到命运的馈赠，享受实现人生的圆满和成就。

记得前些年热播的电视剧《士兵突击》中，曾经有人说“不抛弃，不放弃”，从此之后这句台词就红遍了祖国的大江南北，让无数人为之充满激情、热血沸腾。的确，不抛弃，不放弃不但应该作为军人的精神，也应该作为每一个普通人的精神。这代表着我们心中坚定不移的信念，也代表着我们对于梦想的执着。任何事情都不可能一蹴而就，我们也唯有坚持不放弃，始终执着于梦想，才能最终成就人生。

骐骥一跃，不能十步；驽马十驾，功在不舍。成功的秘诀永远不是一蹴而就，也不是天上平白无故掉下馅饼，而是在于我们能够坚持不懈、持之以恒。

海伦出生的时候，是一个健康可爱的婴儿，也给父母带来了无尽的欢乐。然而在一岁半的时候，海伦却因为一场严重的猩红热高烧不退，最终失去了听力和视力，也不能说话，变成了一个严重残疾的人。对于一个一岁半的小生命而言，这是多么残酷的打击啊。然而，海伦无比坚强，依然乐观地活了下来。

后来，海伦到了7岁，父母为她请了一位家庭教师，专门教授她文化知识。正是这位叫苏利文的老师，彻底改变了海伦的一生。原来，苏利文老师从小也几乎失明，因而很能理解小小的海伦内心的痛苦。为了帮助海伦学习，苏利文老师非常耐心地教会她阅读，而且依靠让海伦触摸别人嘴唇的方式，教会了海伦说话。对于海伦的教育，苏利文老师付出了极大的耐心和毅力，海伦也非常勤奋努力，不管遭遇多大的艰难，都从未放弃。就这样，海伦居然克服了失明与失聪导致的巨大障碍，完成了大学学业。后来，海伦不但为公益事业奔走，还出版了作品，她的《假如给我三天光明》至今依然给予人们巨大的鼓舞和力量。

对于一个重度残疾的人，海伦如果没有坚持不懈的精神和顽强不屈的毅力，根本不可能战胜身体的缺陷，成功实现自己的梦想。当然，她的成功也离不开苏利文老师的悉心教导和耐心陪伴。总而言之，只有坚持不懈，我们才能实现梦想，才能帮助自己更加勇敢地面对人生和未来。

人们常说，理想很丰满，现实很骨感。的确，每个人在畅想未来时都最大限度地发挥想象力，让自己的未来无比绚烂，然而在实现梦想时一旦遇到小小的艰难坎坷，又会情不自禁地放弃，最终导致梦想半途而废。在这样的情况下，梦想当然没有那么容易实现，也因为缺乏毅力，导致人们无法走完从梦想到现实的道路。需要注意的是，我们必须做好心理准备，意识到任何梦想的实现都是艰难曲折的，才能更加勇往直前地朝着梦想走去，才能克服困难和障碍最终实现梦想。获得诺贝尔奖的我国科学家屠呦呦，为了攻克治疗疟疾的难关，曾经进行过无数次实验，甚至为此身染疾病，但是她却无怨无悔，最终提炼出能够治疗疟疾的青蒿素，从而挽救了世界上几百万人的健康，拯救他们于疾病的魔爪之中。不得不说，这种牺牲小我拯救众人的精神，就是支撑屠呦呦始终坚持不懈进行科学实验的动力源泉。

要想获得成功，坚持是必不可少的。生活中，很多人都因为不够坚持，最终与成功失之交臂，也因为不够坚持，导致自己在人生的十字路口无限迷茫，最终陷入无尽的悔恨。其实，成功者未必比失败者天赋异禀，大多数情况下只是因为成功者比失败者更能坚持，也因此才能排除万难实现梦想。朋友们，要想实现梦想，要想距离成功越来越近，就让我们从现在开始努力拥抱梦想，坚持不懈地为了梦想付出吧！

被嘲笑过的梦想，终会发光

每个人都有自己的梦想，每个人也都想实现自己的梦想。然而，有些梦想在最初说出来的时候，非但无法得到别人的支持，反而还会被别人无情地嘲笑。心理脆弱的人，也许就会因为别人的嘲笑，放弃自己的梦想，只有真正的强者，才能继续坚持自己的梦想，一路向前，永不退缩。

其实，真正的梦想，总是带着些许的浪漫和理想主义的色彩，遭到嘲笑也是在所难免的。归根结底，梦想是我们心底最瑰丽的梦。如果没有梦想，我们的人生又如何长出翅膀，在天空中自由地翱翔呢！毋庸置疑，每个人在追求梦想的过程中，都会遭遇重重的阻碍。有些梦想，甚至需要我们不遗余力、倾尽一生，才能得以完成。如果我们的梦想过于实际，能够得到每个人的理解，那么我们的梦想必然也是平实的。不是说这样的梦想不好，而是所谓梦想，总是带着梦的色彩，带有几分不切实际的狂妄，才更具有挑战性。对于阻碍我们实现梦想的无情嘲讽，以及现实情况中的诸多阻碍，我们一定要坚决，拒绝软弱和畏缩，更不能后退。否则，我们一旦选择放弃梦想，就等于放弃了自己的人生目标，承认自己的梦想只是空想，是不切实际的水中花、镜中月。

要想追求梦想，我们就必须鼓起勇气，哪怕面对再大再多的困难和阻碍，也毫不退缩。不得不说，在踏出追求梦想的第一步时，是非常艰难的，我们自身也会有很多顾虑和考量，而且面对外界的各种压力，我们也会觉得压力很大。所以，我们必须一路坚持，一路前行，才能乘风破浪，即便遭遇再大的困难，也要一往无前。

很久以前，有个叫戴维的盲童，告诉老师他的梦想是成为英国的内阁大臣。当时，担任老师的布罗迪以及全班同学，都对戴维的梦想不以为然。因为成为内阁大臣即便是对一个健康的孩子而言也是很难实现的梦想，更何况戴维还是个盲人孩子呢！若干年后，布罗迪整理阁楼时，发现了当年孩子们留下的梦想日记。他按捺不住内心的好奇，重新翻开这些在自己家中已经安然躺了50年的日记本。只是随便看了几页，他就被孩子们当年形形色色的梦想和人生设计吸引住了。

从日记本中，他回想起当年那个叫彼得的孩子说自己想要成为海军大臣，理由是他曾经被海水淹没，喝了足足3升海水都没有被淹死。还想起一个孩子说自己以后要成为法国总统，因为他能够说出法国大多数城市的名字。当翻阅到戴维的梦想日记时，他不由得感慨万千。要知道，戴维想要进入英国内阁，而在当时，英国内阁从未有过盲人担任内阁大臣。看完孩子们的梦想日记，布罗迪突发奇想，他决定把这些日记发给孩子们，让他们在50年后回顾自己童年时的梦想。

得知布罗迪的想法后，当地一家报纸决定免费为他刊登启事，寻找他当年的学生。果然，消息一经发出，布罗迪在短短的几天时间里就收到了许多学生的来信，他们之中大多数人都默默无闻，只是普通人，少部分人成为政府官员、学者或者是商人。根据他们来信的地址，布罗迪把日记本寄给他们。

一年之后，布罗迪手中只剩下一个日记本无人来信索取，就是戴维的日记本。他想，也许戴维已经死了，毕竟50年的时间里世事难料，什么事情都有可能发生。正当布罗迪准备把戴维的日记本赠送给一家私人收藏馆时，他突然收到戴维的来信。戴维在信里告诉老师，他已经不再需要这本日记本了，因为他自从说出那个被人嘲笑的梦想后，就始终把梦想镌刻在心里。他还告诉老师，如今他已经实现了自己的梦想，成为英国第一位盲人内阁大臣。他用实际行动告诉每一个嘲笑过他的人以及无数的世人，如果一个人能终生牢记自己幼年时被人嘲笑的梦想，那么他完全有可能实现梦想。

对于牢记在心的梦想，必将成为人生的引航灯，照亮人们前行的路。现代社会，孩子从很小的时候就拥有自己的梦想，他们的梦想理应得到他人的认可与尊重。要知道，每个人树立梦想，追求梦想，再到实现梦想，必然要经过漫长而又艰难的过程。哪怕遭遇坎坷挫折与无情嘲讽，也依然对梦想坚定不移的人，才有可能真正实现自己的梦想。所以朋友们，当你们把梦想说出来的时候，不要怕被嘲笑，因为这恰恰意味着你们的梦想是值得赞许的，是非常远大的，也是真正的梦想。我们唯一需要做的，就是坚持不懈向着梦想前行。

懒于行动，只能是空想家

梦想家和空想家只有一字之差，他们的区别到底在哪里呢？所谓梦想家，是拥有远大梦想，并且为了梦想不懈努力，最终实现梦想的人。所谓空想家，就只是拥有远大梦想，而根本不想实现自己的梦想，除了梦想之外没有任何行动的人。由此可见，空想家朝前走去，把梦想落实，就会成为真正的梦想家。相信每个朋友都想要成为梦想家，而不想成为空想家，但是现实情况偏偏是，大多数朋友都是空想家，而没有成为梦想家。由此可见，仅仅这一字之差，就造成了天壤之别。梦想家在实现人生梦想之后，或者是人生赢家，或者是人中龙凤，而空想家呢，则只能成为庸俗没落之人，再也无法重振人生。

举世闻名的美国西点军校有一句人尽皆知的名言，即放弃之前，先问问自己是否真的已经拼尽全力。的确，我们每个人在面对人生中的诸多挑战时，都应该问问自己是否真的已经拼尽全力。因为，一切的成功都来自坚持。如果不坚持，就会功亏一篑，可谓遗憾。

坚持是一种非常可贵的品质。战争年代，无数革命先烈正是凭着坚持的精神，才能在异常艰苦的条件下坚持战斗，赶走侵略者，建设新中国。虽然我们如今处于和平年代，但是坚持的精神同样重要。可以说，一个人如果不能坚持，就注定将会一事无成。

第 04 章

做一个勤奋努力的人，去遇见美好的明天

任何事情，不去做就等于零，努力不一定会成功，但一定有收获。一个勤奋的人，不论遇到什么样的困难，都可以努力去克服。任何人的成功都离不开勤奋和努力，否则就是自我的放弃。

努力不一定会成功，但一定有收获

人们常说种瓜得瓜，种豆得豆，命运却有些残酷，很多时候我们种瓜不见瓜，种豆不见豆。看着那些没有我们努力拼搏，但是从刚出生就远比我们拥有和享受更多的人，我们难免有些心里不平衡。的确，人人平等只是一个美丽的梦境，很多时候，人都是生而不平等的。试问，富二代官二代，怎么可能与贫穷人家的孩子平等呢？所谓人人平等还是一个美丽的梦，尤其是在金钱和权势面前。难道我们就因为出身卑微而自暴自弃了吗？难道我们放弃努力之后就能等到天上掉馅饼，反而获得成功了吗？难道我们的努力就是毫无意义的吗？当然不是。

一个人不管出身如何，要想获得真正属于自己的成功，都离不开自身的努力。正如大家所说的那样，越努力，越幸运。在努力面前，幸运的确是公平的，它常常把机会给予那些够努力的人，也因此让成功的天平倾向他们。从根本上来说，没有任何人的成功是一蹴而就的，当然这里不包括那些父母辛苦打拼下来的江山给予后代的情况。当我们感到绝望的时候，当我们感到失落的时候，与其陷入绝望之中不停地抱怨，不如坚持不懈地努力。只要我们的努力达到一定的程度，就会渐渐积累，最终让我们有所收获。

每个人都羡慕他人的成功和人前的光鲜亮丽，却不知道他们得到的一切背后，是不为人知的努力和辛苦，甚至还有眼泪和血汗。要想成功，或者说距离成功越来越近，我们唯一能做的就是从现在开始努力，从眼下点滴的小事开始努力，这样才能让我们的人生更加接近成功，也才能让我们与成功的缘分越来越深。也许有人会抱怨自己一直在努力，却没有任何回报。需要注意的是，回报是一定会有的，只不过有些时候回报会有滞后性，这就告诉我们即便努力的时候没有显而易见的回报，我们也依然要坚持不懈地努力。你只管努力，上天自有安排，也许终有一日努力的回报就会以让你惊喜的方式出现。

一个人如果在努力的时候心中只想着要得到更多，

那么这样的努力未免过于急功近利，也会因为过于急迫地想要获利导致事与愿违。尤其是对于人生中所做出的努力，更应该抛弃一切私心杂念，才能最大限度地发挥努力的功效，让努力真正切实地改变我们的生活。这样的努力才能够改变我们的命运和人生，让我们得到意外的收获。

生活，一直都是一场旅行，没有归途，且充满艰辛。当我们对于这趟旅行的终点充满憧憬，不如就从现在开始，趁着风和日丽赶紧往前奔去。哪怕狂风大作，我们也依然要风雨兼程。在努力尚未得到回报时，我们更应该鼓励自己，让自己相信上天从来不会辜负任何一个努力的人，而我们只需要一味地努力就好，上天自有安排。

别把纵容自己当理由

现实生活中，我们常常把“严于律己，宽以待人”挂在嘴边，实际上，更多的人只能做到严格对待别人，但是对于自己任何有心或者无意的过错，总是过度宽容。这样一来，我们对人的心胸会变得过于苛刻，对自己的心胸又变得过于宽广，从而导致我们的人生违背我们的意志，最终朝着与我们的预期完全相反的方向发展。

曾经，有个年轻人从24岁大学毕业开始，只从事过一份工作，后来就宅在家里，啃老，与父母争吵。为何会发生这样的事情呢？很多职场人士都不明白，作为一个有手有脚、四肢健全的年轻人，为何要躲在家里不思进取，而且还不停地向父母要钱，与父母争吵，依靠自己的努力养活自己，不是更好吗？有人说这个年轻人是被父母纵容的，有人说就业形势太严峻，所以作为毕业的大学生、年轻人才找不到合适的工作。实际上，最主要的原因是这个年轻人对自己过度宽容。

人生在世，很多时候，我们都要承受外界的压力。积极的人把这些压力变成动力，消极的人因为这些压力自暴自弃，最终放弃自己，也逃避现实。尤其是在现代社会严峻的就业形势下，很多从小衣来伸手、饭来张口的年轻人，因为娇生惯养，也因为残酷的现实，从象牙塔里走出来的他们根本无法适应，最终因为对自己的放纵，使得他们过度宽容自己，也将人生置之不顾。

每个人都要对自己的人生负责。不管现实多么残酷，我们的生活总要继续下去。面对人生的不如意，抱怨是没有用处的。唯有积极思考，理智面对，主动迎接人生的一切艰难坎坷，我们才能降服人生。

有个女孩，迄今为止大学毕业3年，现在已经换第五份工作了。她的第一份工作是老师，因为工作枯燥乏味，也因为照顾那些小皇帝、小公主并不容易，她很快就打起了退堂鼓，工作了3个月就辞职了。第二份、第三份工作，女孩都觉得不满意，或者是嫌弃待遇低，或者是嫌弃工作地点远，都在干了几个月之后辞职了。最可惜的是第四份工作。对于第四份工作，女孩很满意，因为这份工作不仅待遇好，而且距离她租住的房子也很近，每天可以睡眠充足，路上也无须耽误太长的时间。然而，没过多久，她又准备辞职了。朋友们不理解，有个朋友对她说："就凭着每天十几分钟就到单位，你也不能辞职啊。你要知道，我每天上班一个半小时，我多么羡慕上班近的人啊，这可是最大的好处。且别说你这份工作还待遇很好呢！"女孩撅起嘴巴说："哎呀，虽然离家近，但是回家晚啊。我告诉你，我们的老板是个变态，几乎天天都要加班。有的时候加班一个小时还好，但是遇到着急的项目，我们就要加班到深夜。对于女孩而言，美容觉可是绝对不能错过的。否则，我一定会未老先衰，我还没找男朋友呢，我可不想这么拼命，让自己变成黄脸婆。”听到女孩的话，朋友觉得很无语，只好无奈地说：“你自己考虑吧，但是不要后悔啊！”没过几天，女孩就辞职了。现在，她正在寻找自己人生中的第五份工作呢！

很多职场人士都知道，作为初入职场的新人，要想让自己站稳脚跟，需要付出多么巨大的努力。毕竟，公司不是家，老板也不是妈。一旦踏入职场，不管我们在家的时候是多么娇滴滴的女孩，抑或者是无忧无虑的公子哥，我们都必须调整角色，重新定位自己，因为从迈入职场的第一步开始，你就要扮演好拼命三郎的角色。

毋庸置疑，每个人都希望自己的人生一帆风顺，都希望自己的未来拥有锦绣前程。有这样的渴望和憧憬是很好的，但是千万不要让这个梦想变成白日梦。天上不会掉馅饼，人生中的任何收获，都需要我们付出努力才能得到。因此朋友们，不要对自己过于宽容。在这个世界上，除了父母是无原则、无条件地爱你之外，没有任何人有义务迁就你、帮助你。父母终究有老去的那一天，除了靠自己，你还能靠谁？

辛勤耕耘，挥洒汗水和泪水

任何成功的人生如果离开勤奋，人生的收获都会变得迥然不同。可以说，一切的成功都以勤奋为基石，唯有勤奋，才能帮助我们在人生的道路上辛勤耕耘，挥洒汗水和泪水，才能帮助我们告别懒惰，更加珍惜人生中宝贵的每一分每一秒。

尽管时代在变迁，但是勤奋对于人生的重要意义和影响，始终不曾改变。从古至今，那些最终在人生中获得伟大成就的人，无一不是勤奋刻苦的人。可以说，勤奋是人生中最大的资本，甚至远远比聪明能干更加重要。倘若聪明的人只有小聪明，而缺乏持之以恒的精神，那么最终就会因为失去勤奋的支撑，导致一事无成，也导致人生黯然失色。常言道，一勤天下无难事，意思就是说，勤奋能够帮助我们战胜人生中的艰难坎坷，也能使我们摆脱人生的困境，从而使人生更加坚定执着，向着目标奋进。

在大自然中，也有很多勤奋的生物，诸如蜜蜂，历来被作为勤奋的代表。我们也应该像小蜜蜂一样，辛辛苦苦采蜜忙，才能让人生得到更加丰硕的收获和回报。曾经，作为香港首富的李嘉诚被记者问到成功的秘诀，他毫不迟疑地说是勤奋。

汉朝时，小小年纪的匡衡勤奋好学，特别喜欢读书。但是，因为家境贫寒，匡衡白天必须跟随父母下地干活，帮助父母养家糊口。只有到了晚上，在结束一天辛苦的农作后，他才能坐下来认真读书。然而，匡衡的家里实在太穷了，父母根本买不起昂贵的灯油，匡衡只能眼睁睁地看着时间白白浪费，心急如焚。有一天，匡衡无意间看到邻居家里发出明亮的光，原来，匡衡的邻居家生活富裕，每当晚上就会在各个房间点燃油灯，把屋子里照得亮如白昼。匡衡思来想去，向邻居提出了不情之请："我家实在太穷了，买不起灯油，能否请您允许我借您家窗外的方寸之地，我只要靠在窗外读书就可以。”不想，为富不仁的邻居非但不允许匡衡借着窗外的方寸之地读书，还无情地讽刺匡衡：“你天生就是穷人的命，既然连蜡烛都买不起，还读书做什么呢！我看啊，你还是老老实实地认命吧！”匡衡受到邻居的冷嘲热讽，很生气，从此之后更加发奋读书，发誓一定要改变自己的命运。

他偷偷地在和邻居共用的墙壁上凿了一个小洞，这样一来，邻居家的光就会透过小洞投射到他的书本上。每天晚上，他都借助于这微弱的灯光，如饥似渴地读书，直到读完了家里所有的书，他依然觉得自己必须更加勤奋努力。为此，他设法四处借书，直到听说有个大户人家藏书丰富，他毫不犹豫地卷起被子来到大户人家，对这家的主人说：“听说您家里的书很多，我愿意来免费给您干活，只要您允许我读您家里的书。”主人被匡衡热爱读书的精神感动，当即答应了匡衡的请求。从此之后，匡衡每日读书，进步神速。也正因为如此，他后来才能成为大名鼎鼎的学者，官至丞相，成为了汉元帝的得力重臣。

每个人要想在这个世界上立足，除了自身的良好素质之外，还需要勤奋作为人生的基石。假如事例中的匡衡不是如此努力，凿壁偷光，刻苦读书，也就只能接受命运的残酷安排，一辈子面朝黄土背朝天。可以说，匡衡正是凭借着努力才改变了自身的命运，才能够成为人生赢家，得到人生的丰厚馈赠。

勤奋是通往成功的必经之路。假如没有勤奋，即便是天赋异禀的人，也最终会湮没在命运的洪流中，更无法成功改变命运。勤奋也是打开成功大门的钥匙，更是宝贵的品质，能够让我们的人生柳暗花明，出人头地。所谓勤能补拙，这充分意味着一个人即使不够聪明，只要坚持勤奋努力，也一定能够获得梦寐以求的成功。因而朋友们，再也不要以自己不够聪明或者天资不够为借口放弃努力，只要我们从现在开始更加勤奋，持之以恒地努力，一定会获得出乎意料的收获！

勤能补拙，可以迎来更好的未来

很多父母或者长辈在夸赞孩子的时候，总是夸孩子“聪明”。殊不知，聪明不是最重要的，要想让人生有所成就，比聪明更重要的品质，是勤奋。一个人可以不聪明，但是必须勤奋。所谓勤能补拙，当一个人足够勤奋时，他必然能够通过勤奋弥补自己在聪明上的欠缺，笨鸟先飞，从而获得成就。与此恰恰相反的是，假如一个人很聪明，却只愿意躺在床上想各种点子，而根本不愿意把自己的想法付诸实践，那么他的一切想法都只能是空想，他最终必然一事无成。而且，加上他缺乏实践经验，导致他的聪明也会因为脱离实际而渐渐衰退。毕竟，整个世界都在争分夺秒地发展，一个人闭门造车，是不可能想出真正的金点子的。

正如人们常说的，书山有路勤为径，学海无涯苦作舟。从这句话我们不难看出，一个人要想有所成就，必须非常勤奋。如果说成功有什么捷径或者是秘笈，那么就是勤奋、努力。人的智力是天生的，我们也许不是高智商者，但是我们可以决定自己是否勤奋。假如我们在不断地努力付出之中积累丰富的经验，我们自然会变得更加明智理性，这也相当于间接提高了我们的智商。

有个男孩很聪明，小学阶段，每次考试成绩都很好，父母也总是夸赞他聪明。然而，等到一年之后，他学前阶段积累的那点儿基础知识不占据优势了，他的成绩开始下滑。对此，妈妈感到很纳闷，根本不知道问题出在哪里。

有一次，妈妈去给男孩开家长会。会后，老师特意留下妈妈，和妈妈聊了几句。老师委婉地问妈妈："孩子一年级时学习成绩一直不错，你们都是如何夸他的呢？"妈妈毫不迟疑地说："我和他爸爸，都会夸他聪明。爷爷奶奶和姥姥姥爷，也夸他聪明。"老师恍然大悟，说："这就难怪了。自从进入二年级后，学习内容更加深入。每次我督促孩子好好抄写和记忆，多多练习，他总是说'老师，放心吧，我这么聪明，不努力也能记得住'。渐渐地，他的成绩越来越差，这也影响了他在学习上的信心。虽然他现在不再以聪明自诩，但是他也没有那么自信了。"妈妈意识到问题的严重性，有些不好意思地继续听老师说着。老师接着说："其实，决定孩子未来成就的，并非是他是否聪明。一个孩子小时候也许的确表现出聪明的模样，但是随着渐渐长大，面对越来越深入的知识，他必须勤奋努力，才能学好。希望你们以后多夸孩子勤奋，不要使他误以为只要聪明，自己就会无所不能。”妈妈连连点头。果不其然，在孩子取得进步后，妈妈和爸爸全都异口同声地夸奖孩子很勤奋，并且潜移默化地告诉孩子，唯有勤奋，才能始终在学习上保持优势，使得成绩遥遥领先。可想而知，孩子在爸爸妈妈的夸赞下，渐渐改变学习心态，从而成绩也得到了提升。

现代社会，孩子们都是优生优育的，每个孩子都很聪明。因而，除非是智商特别高的、超常的孩子，否则大多数孩子在智力的起跑线上，都处于相同的位置。作为父母，要想帮助孩子赢在起跑线上，就要端正孩子的心态，让孩子意识到唯有勤奋，才能占据优势，才能在学习上一往无前。

现实生活中，每个人都有梦想，每个人也都渴望成功，都想找到一条捷径让自己轻而易举地获得成功。不过，成功从来不会从天而降，每个人在通往成功的道路上，都必须辛苦耕耘，勤奋努力，才能改变命运，为自己争取到更好的未来。

尤其是现代社会，生存压力这么大，职场竞争日益激烈。我们必须依靠自己，才能在这个社会中谋求一席之地。正如人们常说的，机会永远只留给有准备的人。我们要想抓住机会，就必须时刻准备着，不要松懈，更不要懈怠，这样才能让我们的双手和我们的大脑联合起来，在人生的战场上努力博弈，获得胜利。所谓天道酬勤，说的正是这个道理。要知道，人的一切收获并非是天上掉馅饼，一分耕耘，一分收获，我们唯有付出辛勤的汗水和泪水，才有可能得到命运的青睐，获得成功。

承担责任，把信任感给别人

客观因素和主观因素都会影响我们获得成功。所谓客观因素，也就是我们生存的外部环境，而主观因素，则是我们自身各种素质和观点形成的内部环境。内部环境有很多因素，其中最重要的因素就是责任感。细心的朋友们会发现，不管是企业招聘，还是女孩寻找人生的另一半，都会把责任感放在首位。的确，一个人如果缺乏责任感，就会没有担当，不管把工作还是自己的人生交给这样的人，无疑都是使人不敢放心的。可以说，责任感是我们的内部环境诸多组成要素中的核心因素。一个人只要有责任感，就能够督促自己承担起该负的责任，不管什么时候，都要求自己是个顶天立地的人。相反，一个人如果缺少责任感，就无法在危急关头成为顶天立地的人，也就无法成为值得依靠和可信赖的人。

在学习上，责任感为我们提供学习的内驱力。在工作上，责任感也是巨大的动力，能够促使我们积极主动地工作。我们唯有具备责任感，知道学习和工作对于我们人生的重要意义，才能满怀激情地投入学习和生活之中，从而发挥自身的巨大潜能，最大限度创造自身的价值，拥有成功的人生。

大学毕业后，金融专业的莹莹在父亲战友的帮助下，进入上海最大的金融公司实习。当然，实习只是第一步，莹莹很想借此机会好好表现，争取留在这家公司继续工作。不过，莹莹并非急功近利的姑娘。她很清楚，如今是市场经济时代，每一家用人单位都不会养着闲人，自己只有表现出实力，才能在短暂的3个月实习期里，得到上司的认可与赏识，这样留下来自然也就多了几分希望。

和莹莹一起进入该公司实习的，还有其他9名实习生。毋庸置疑，大家都想留在这家公司，开始人生的辉煌之旅。因此，每个人似乎都卯足了劲，尽自己最大的努力好好表现，让上司钦点自己留下来。上司当然也需要利用这三个月的时间好好观察这些实习生，因而大家都各怀心事。

一个周五的下午，马上就要下班了，上司突然来到办公室，对同事们说："各位，我突然接到一个紧急任务，要求周一就要交活。有谁愿意牺牲周末的时间，加下班呢？"听到上司的话，大家全都面面相觑。上司接着说："当然，我知道时间紧张，而且这个活儿正常需要5天才能干完，但是加上今天晚上，到交活只有两天和一晚上的时间。所以，大家都要斟酌一下，我也事先声明，没有金刚钻，别揽瓷器活。我需要漂亮地完成这次突击。"听到上司这么说，有几位同事索性低下头，生怕上司注意到自己。足足几分钟过去了，还是没有人愿意主动承担这份工作。这时，莹莹站起来说："我来做吧，我正好借此机会学习一下。"上司有些迟疑地看着莹莹，毕竟这次时间紧、任务重，而莹莹又是新人。莹莹似乎看出上司的疑虑，因而说："放心吧，领导。我保证完成任务。”

就这样，莹莹一个周末早起晚睡，在周日晚上圆满完成了任务，把做好的表格发到了上司的邮箱中。上司把表格交给客户之后，客户非常感谢，也因此，上司对莹莹感到很满意。当然，莹莹也为此付出了代价，看看她的两个黑眼圈就知道了。不过，对于自己能够有机会得到上司的认可与肯定，莹莹觉得一切付出都是值得的。果然，在3个月试用期满后，莹莹成为10个实习生之中留下来的两个实习生之一。

一个不愿意付出、不愿意承担风险的人，也必然无法证明自己的实力，更因为在危急关头的退缩，无法得到上司的认可与赏识。由此一来，上司有了好的机会，自然不会第一个想到他。所以在职场上，我们要想让自己出类拔萃，就要勇敢地承担责任，这样才能成功吸引上司的目光，走入上司的视野，才能更进一步地展示自己，让自己胜人一筹。

很多大学生也许会因为自己毕业的大学不是名牌大学，或者觉得自己的学历不如其他同事高，而感到自惭形秽。其实，这都不是最重要的。只要你拥有了敲门砖进入理想的公司，接下来就应该忘记自己的劣势，展示自己的优势——责任心。要知道，在任何一家公司，上司都会赏识那些有责任心的人。因为一位下属如果没有责任心，就无法把工作做好，必然也会给上司带来很多麻烦。所以朋友们，无论如何，我们都要拥有责任心。正如很多喜欢投资的人都知道高收益伴随着高风险一样，我们要想在职场上得到丰厚的回报，也就必然要承担更大的责任。

完善自己，让自己越来越优秀

每年，都有无数莘莘学子要经历黑色的六月，从独木桥上挤得头破血流，目的就是进入自己心仪的学校。从而给自己的前程铺平道路。也许有人会说，读了好大学又有什么用呢，很有可能毕业之后大学生泛滥成灾，挣的还没有农民工多呢！的确，如今很多刚毕业的大学生因为缺乏工作经验，也因为竞争激烈，所以工资都不高。但是，如果他们愿意，是完全可以拿着大学毕业证做农民工的，至少这样可以在短期内缓解生存的压力，也为自己挣得人生的第一桶金，还可以锻炼自己，拥有强健的体魄。与此恰恰相反，假如农民工不像现在一样继续辛苦地打工，难道他们能够摇身一变成为办公楼里光鲜亮丽的白领吗？通常情况下，他们的这个愿望根本不可能实现。由此可见，大学生辛辛苦苦地读书，学业有成之后，和农民工的区别就在于大学生具有更多的选择，既可以当农民工，也可以当白领，还可以自主创业。然而作为农民工，尽管早几年开始挣钱，也不曾辛苦地学习，但是一辈子都只能艰辛地劳作。如果是你，你愿意成为大学生，还是甘于当一个农民工？相信聪明的人一定会做出明智的选择。

多一些选择，这也许才是我们奋斗的本质意义。所以，尽管现代社会有很多人都觉得上大学没用，也挣不到更多的钱，找工作还很困难，但目光长远的父母依然会坚定不移地支持孩子上学，追求上进的孩子也会排除万难继续坚定不移地读书。这就是奋斗的动力。其实在人生之中，不仅努力读书是一种奋斗，奋斗也可以以其他多种多样的形式和意义出现。例如，开创自己的事业是奋斗，在卑微的岗位上坚持不懈的努力是奋斗，当人生遇到困难和阻碍时坚定不移地执着往前，也是奋斗。总而言之，我们既然行走在人生的路上，就应该决不放弃，勇往直前。只有一直奋斗，我们的人生才能拥有更多的机会，也才能以更好的状态面对未来。

前几年，关于北大毕业生回家卖猪肉的事情被炒得沸沸扬扬，不管是传统媒体还是网络都对此事进行了报道。也许有人会说，既然是卖猪肉，不读书也可以卖猪肉啊，又何必浪费那么多年的时间和父母的金钱呢！此话差矣。一个从未读过书的人，卖猪肉也许就是为了谋生，为了养家糊口，而作为北大毕业生，作为一个新时代有理想、有思想也有胆识、有谋略的新青年，对于卖猪肉这件看似简单的事情实际上却是很有想法，也很有创见的。可想而知，他最终必然从卖猪肉这件事情里获得比普通人更大的成功，人生也会因此拥有丰硕的收获。

不能否认的是，人越是站得高，看得也就越远，人越是优秀，也就拥有更多的选择。我们往往羡慕那些成功者人前的光鲜亮丽，在选择时游刃有余、潇洒随意，却没有看到他们背后实际上付出了数倍于常人的努力，也因此才得到了如今的成就。所以朋友们，要想获得成功的人生，要想得到命运的馈赠，我们首先要做的就是提升自己、完善自己，让自己变得越来越优秀。虽然每个人也许生而并不平等，但是只要我们后天持续努力，总能够弥补起点，甚至反超他人。

为了改变命运，就让我们努力奋斗吧！在人生路上，只有不停奔跑着的我们，才能得到命运的青睐和馈赠，也才能成就属于自己的辉煌人生！

第 05 章

经营你的有际关系，没有任何成功只靠自己一个人

经营人脉资源，并不是一朝一夕的事情，而是需要长期经营。人们身处社会，就免不了与人打交道，肯定会和别人发生某种联系，这种人际关系渐渐形成了自己的人脉圈。所以，我们要努力经营人脉圈，没有任何成功只靠自己一个人。

储备资源，以备不时之需

自古以来，每一个皇帝都很重视“龙脉”，这是因为他们能否当好皇帝，以及能否让国家在自己的治理下变得国富民安，与“龙脉”都是息息相关的。看看那些影视剧吧，几乎每个皇帝都想要找到自己的龙脉，将其好好地保护起来。实际上，如果说皇帝看重龙脉是根据风水，那么现代人讲究人脉则完全是为了生存和发展。

现代社会，人际关系越来越复杂，人与人之间的关系也很微妙。尤其是在职场上，形形色色的人更是鱼龙混杂，稍不小心就会导致人际关系紧张。因而，我们要想搞定生活中和工作中的每一个人，就必须经营好自己的人脉关系。人脉几乎对于所有人而言都是非常重要的资源。所以要想得到长足的发展，就必须时刻注重积累人脉，也为自己来日的腾飞做好准备。

大学毕业后，小张和小王一起进入一家公司工作。

因为初来乍到，他们都非常内敛，每天除了埋头苦干之外，从不节外生枝。不过，小张和小王也有点儿不同。小王特别害羞，总是不敢和其他同事多交流。小张则不同，他经常向老同事请教各种各样的问题，为了报答老同事，在闲暇的时候也主动帮助他们分担工作，由此一来，小张很快和同事们变得熟悉起来。

有段时间，小张和清洁工刘阿姨走得很近。他不但每天早晨早半个小时到办公室，帮助刘阿姨一起打扫卫生，还时常买一些小点心送给刘阿姨吃。对此，清高孤傲的小王不以为然："哼，马屁精，连清洁工都要巴结，也不怕掉了自己的身价。"小王不知道，因为小张在此之前每次遇到刘阿姨，都会点头问好，所以刘阿姨透露了一个秘密给他。原来，有一天刘阿姨去总裁办公室收拾，无意间听到总裁正在叮嘱总经理："明年我们公司会派出5个人去美国的公司学习，其中有一个必须是刚毕业的大学生——公司新进职员。你最近多多观察那几个新人，看看谁更有潜力，英语水平也更高一些。"刘阿姨马上把这个消息告诉小张，小张掐指一算，距离确定名额还有半年时间，他完全有机会把其他几个新进职员甩得远远的。因此，他不但在工作上表现良好，还特意报名参加了商务英语培训班。可想而知，半年之后，小张理所当然地去了美国进修学习，让小王等人惊讶得瞠目结舌。

很多时候，我们都想要结识生命中的贵人，然而我们的贵人未必是那些有权有势、高高在上的人。在上述事例中，因为及时得到重要的情报，刘阿姨就成为小张的贵人，也的确帮了小张很大的忙。当然，这一切都不是无缘无故的，刘阿姨之所以只把消息告诉小张，就是因为小张一直以来对她都特别讲礼貌，也发自内心地尊重她。对于身份卑微的人而言，得到他人的尊重就会对他人印象深刻、感激涕零，小张正是利用每次真诚的问好，得到了刘阿姨的真心回报。

朋友们，你们可曾意识到人脉的重要性，并且多多储存自己的人脉资源呢？人们常说，书到用时方恨少，我们也要吸取经验教训，在平日里就多多结识朋友，储备人脉资源，这样在需要的时候才能有备无患。

以真情换真情，打动对方

人与人之间，贵在交心。日常生活中，很多人表面上看起来相处和睦、感情深厚，但是实际上，他们只是面和心不合，一旦对方遭遇难处，他们马上就会露出真面目，作鸟兽散。尤其是对于那些有权有势的人而言，这种现象更加普遍。很多有钱人有钱的时候身边围着无数个狐朋狗友，一旦家财散尽，那些狐朋狗友马上离他们而去，真正能够与他们患难与共的朋友几乎没有。因而，人们说，画虎画皮难画骨，知人知面不知心。也有人说，路遥知马力，日久见人心。这些话都告诉我们不要轻信别人，而要洞察他人的真心，才能对于友谊做出准确的判断。

任何时候，我们要想打开他人的心扉，与他人亲密相处，都要真诚友善地对待他人。细心的人会发现，大多数成功者都能够一呼百应，难道他们真的天生就有如此强大的吸引力，所以才能赢得每个人的尊重和喜爱吗？其实不然。成功者之所以能够应者云集，除了他们独特的人格魅力之外，也与他们对人的真诚友善密不可分。

为此，有很多人在需要的时候会伪装热情，殊不知，伪装的热情根本无法长久，也往往因为缺乏真诚导致被他人一眼识破。真正的热情，是来自心底的清泉，能够汩汩流入他人的心田。真正的热情不是衣服，可以随意地根据需要穿脱。真正的热情富有感染力，渗透在我们的血液中。真正充满热情友善的人，真正真诚美好的人，能够走入他人的心间，驻扎在他人的心里。

战国时期，名将吴起特别懂得带兵打仗，他的每一个将士都无怨无悔地跟着他出生入死。有一次，吴起手下的士兵受伤了，腿上生出脓疮，皮肉不断地溃烂，生命受到威胁。吴起知道之后，马上俯下身体，用嘴巴吮吸那位士兵的受伤之处，把所有脓血都清理得干干净净。后来，他还从自己的战袍上撕下一块布，亲手帮助这个士兵包扎伤口。不但士兵感动不已，每一个看到吴起这么做的人，都深受感动。

后来，这位士兵的老乡得知此事，便把事情告诉了士兵的母亲。听了老乡的讲述之后，士兵的母亲突然痛哭流涕。大家都以为这位母亲也深受感动，不想，这位母亲却说："我不是为了儿子受伤哭泣，也不是为吴将军所感动的。我儿即将战死沙场，我是为我儿子没有命才哭的。”那些人听到这位母亲的话，都觉得很惊讶：“你怎么知道你儿子即将战死沙场呢？”母亲又说：“上一次，吴起将军也为我丈夫吮吸脓血，我丈夫很快就牺牲了。现在，吴起将军又为我的儿子吮吸脓血，我的儿子性情忠厚，必然如同他的父亲一样感念将军的恩德，在战场上奋不顾身，以报效将军。”

作为一代名将，吴起将军在战场上屡建奇功。他之所以能够得到全体将士的爱戴，就是因为他深深懂得爱兵如子的道理，因而对全体将士满怀真诚和热情，真正做到全心全意对待他们。正如这位母亲所说的，如此一来，将士们怎会不在战场上浴血杀敌，报效吴起将军的恩情呢！

现代社会尽管处于和平年代，但是人与人之间的交往却被提升到前所未有的高度，每个人都希望自己能够成为社交场合的宠儿，从而在社交场合如鱼得水、游刃有余。在这种情况下，我们必须牢记真诚友善的原则，才能成功打开他人的心扉，才能最终使得他人对我们死心塌地，忠诚地追随我们。朋友们，从现在开始，就让我们用热情和友善对待身边的每一个人吧，只要我们坚持去做，相信一定能够得到意想不到的收获。

积累朋友资源

正如一首歌里唱的，爱拼才会赢。现代职场，几乎每个人都是拼命三郎，然而遗憾的是，有很多人即便拼命了，也未必能够赢。很多时候，并非一切付出都是有所回报的。在关键时刻，我们除了依靠自身努力之外，还要具有良好的人际关系和丰富的人脉资源，才能如愿以偿地拓展人脉，帮助自己获得成功。

现代社会，尤其是在现代职场上，不但要有专业技术和超强能力，更要经营好自己的人脉，才能抓住每一次社交机会，赢得成功。可以说，没有别人慷慨帮助的人，就如同一座孤岛，处于孤立无援的境地，很容易一败涂地。尤其是对于有野心的人而言，要想成就事业，更要善于利用人脉的力量。很多成功人士之所以能够获得成功，就是因为他们善于抓住每次社交的机会，最大限度地拓展自己的人脉关系。所谓得道多助，失道寡助，唯有丰富人脉，我们才能在每次需要帮助的时候，都得到他人的帮助。

在这次同学聚会上，张坤与10年未见的同学重逢了。和大多数同学忙着插科打诨不同，张坤把自己提前准备好的名片，用心地发给同学们。原来，张坤如今在一家房地产公司工作，是销售部的经理。眼看着同学们毕业10年，没买房的也该买房了，买了房的也该换房了，张坤感到很兴奋。而且，他还想借此机会与同学们重新建立关系，说不定什么时候就能互相帮助呢！

后来，张坤所在的公司想要一块地，但是因为竞争太激烈，必须与其他房地产公司展开激烈竞争。对此，老总让下属们都集思广益，看看谁能弄到一些内部消息，也许会让竞拍取得好的结果。思来想去，张坤突然想到同学马玉的爸爸就在国土局。想到这里，他赶紧给马玉打电话。叙述了一番同学情谊后，张坤约定时间去马玉家里拜访，马玉不知道，张坤很想与他的爸爸交谈。到了周末，张坤准备了很多礼物去了马玉家，果然见到了马玉爸爸。对于和马玉爸爸的一番闲谈，张坤收获很多。后来，因为受到马玉爸爸的启发，张坤建议老总采取合适的策略竞拍，最终如愿以偿地获得成功。

人在职场，谁也说不准自己下一刻就会用到哪种人际关系。在这种情况下，我们唯有提前储备丰富的人脉关系，到需要用到人脉关系的时候，才不会感到被动沮丧。总而言之，人非圣贤，没有人能够仅凭自己的力量就生存得很好。尤其是各行各业之间的分工更加清晰，合作也更加密切的现代社会。在这种情况下，人们必须广结人缘，才能抓住更多的机会获得成功。

当然，抓住机会广结人缘，也是需要我们不断发掘出机会的。有以下几点需要我们注意：首先，很多朋友总是书到用时方恨少，对于人脉也是如此，总是事到临头，才意识到自己应该努力结交更多的朋友，可惜为时晚矣。因此对于人脉的积累，我们必须未雨绸缪，在没有用到朋友的时候，就广泛结交朋友，这样到用的时候才能有备无患。其次，正如人们常说的，多个朋友多条路，多个敌人多堵墙。任何时候，我们都不要随意为自己树立敌人，而要更多地为自己结交朋友。唯有如此，我们在人生路上才能得到更多朋友的帮助与支持，而少了很多阻碍。再次，很多人结交朋友的时候带着一颗功利之心，这也是不可取的。尤其是很多人对于朋友的认识过于肤浅，平日里不知道维护友谊，只有等到需要的时候，才急急忙忙与朋友沟通感情，这是非常愚蠢的行为。最后，交朋友不要只盯着所谓的贵人。虽然人人都希望结识那些能力比自己强、地位比自己高的人，但是，贵人并非只指的是这些比自己地位高、能力强的人，很多时候，也许恰恰是那些默默无闻或者某些方面还不如我们的人，真正帮到了我们。总而言之，朋友贵在相知，只有感情到了一定的分上，朋友才能对我们毫无保留，倾情帮助。

多交益友，一生有益

孔子曾经说过："益者三友，损者三友。友直，友谅，友多闻，益矣；友便辟，友善柔，友便佞，损矣。"这句话的意思讲的是，在朋友当中会有三种对自己有益的朋友，有三种对自己有害的朋友。三种有益的朋友是为人正直、诚实守信、知识渊博；三种有害的朋友是口蜜腹剑、只说不做、当面一套背后一套。多交朋友是好事，但是不能乱交一些不靠谱的朋友。俗话说："近朱者赤，近墨者黑。"朋友对一个人的成长有着很重要的意义，好的朋友能让自己积极向上，有着带动自己前进的正能量；不好的朋友却容易把自己引入歧途，对一个人的健康成长是不利的。在心理学上，这种现象被称作"链状效应"，它是指人在成长过程中会受到周围人的影响，在不知不觉间被周围人同化。所以，我们要擦亮眼睛，认识其中的利害关系，交友要谨慎。

交什么朋友，怎样交友，这是一个问题的两个方面。朋友有君子、有小人，交友也有君子之交和小人之交。君子之间的友谊平淡清纯，但真实亲密而能长久。小人的友谊浓烈甜蜜，但虚假多变，经不起时间的考验。好朋友是建立在互相理解、互相关心、互相帮助的基础上，彼此之间存在着为对方着想的真正感情，能够经得起时光的打磨，能够患难与共。小人之交是建立在私利的基础上的，平时甜言蜜语，关键时刻背信弃义，甚至乘人之危，落井下石。所以在交友时一定要慎重，"亲君子，远小人"。

提升自我价值，成为有魅力的人

一个人的价值会影响到他的交际，因为人们都喜欢和那些浑身散发活力、充满正能量的人交往。当一个人失去价值的时候，没有人愿意继续与他交好，包括朋友。朋友会在你一朝落难的时候扶你一把，会助你重拾信心和勇气，甚至会出资出力为你两肋插刀，那是因为他们对你有信心。如果有一天你真的自暴自弃了，大部分的人都会远离你，因为你已经没有价值了。

王敏如是一名普通员工，由于她没有什么经验，进入公司后，她的上司让她先从一些简单的事情做起，主要负责一些稿件的复印、收发等工作。王敏如虽然不太乐意，但还是很积极地投入了工作。并且，她的每一份工作都做得非常好，可以说尽职尽责，因为她觉得这是一种提升自己能力、让自己更加优秀的锻炼。

当部门的同事有要复印的资料时，都会抱过来找她。对此，王敏如非常认真负责，在复印的过程中如果发现资料有问题，她就会及时地告诉同事，使得同事们少犯了很多错误。

一次，王敏如的上司匆忙地拿着一份合同让王敏如复印，她习惯性地把合同看了一遍，上司看到王敏如拿到合同不去复印，反而在那里仔细地看，便很不耐烦地催她。这时，王敏如指着合同中的一个地方，告诉上司她发现的问题。她的上司看到后吓出了一身冷汗，要不是王敏如发现，公司可能要给供货商多付几百万元。

上司没有想到王敏如对工作这么负责，不久之后，就让王敏如担任了自己的助理，他对王敏如说："有你这样的员工做我的助理，我是一百个放心。"

每个人都有自己独立的人格，你没有理由无缘无故地奢求别人主动来喜欢你，你必须端正自己的心态，提升自己的价值与魅力，才能使自己具备招人喜欢的特质和品行，才能赢得他人的关注和青睐。事实证明，人们越喜欢你，就越想看到你的身影、听到你的声音，也就越愿意和你出现在同一场合。成为一个有价值、有魅力的人，成为一个真正讨人喜欢的人，比其他任何品质都能为你争取到更多的机会。

那么在不断提升自我的过程中，我们需要做点什么呢？

1.克服对自身不利的性格因素

人的个性千差万别，一方面是受遗传因素的支配，另一方面是生活环境和个人修养使然。可是，这并不意味着一个人对自己的个性就完全无能为力了。相反，为了提升自己的人格品质，我们应该积极地克服那些对自己不利的性格因素，寻找能为自己的个人魅力加分的良方。

2.养成积极开朗的性格

一般说来，性格积极开朗，有利于社交圈的形成。积极开朗的性格包括永远自信、高度的乐观、喜爱和群体在一起、有帮助别人的癖好、善于换位思考等。养成这些习惯，并不是说让每个都成为“人来疯”，因为人的性格有内向和外向之分，也无法强求谁做出任何改变。

3.时刻为自己充电

只有天天学习，才能天天进步，才能让能力得到不断的提升。每个人都应该把学习作为自己的责任之一，当仁不让。只有这样，才能更好地为企业工作，创造出更辉煌的业绩，获得更多成就自己的机会。

4.提升自己的沟通能力

平时要积极改善人际关系，特别是要加强与上级、同事及下属的沟通，要随时切记，压力过大时要寻求上级的协助，不要试图一个人把所有压力承担下来。在压力到来时，还可采取主动寻求心理援助的方法，如与家人朋友倾诉交流、进行心理咨询等来积极应对。

5.多一点兴趣爱好

兴趣和爱好是与他人相识、广交朋友的一个很好的“媒介”。如果你喜诗爱画、能歌善舞，集邮、摄影、体育样样都懂，你就与他人有了可共享的兴趣爱好、共同的语言、共同的心声。无形中，会在你和他人之间建立友谊。

实际上，作为一个普通人，我们需要吸引力，它能使你有足够的魅力吸引别人，你的人气才会旺，才会使你赢得足够的支持。要是你想作为一个领袖人物，那就必须具备吸引别人的能力，这就是作为一名领袖的号召力和影响力。

朋友资源，让你成倍收获

人脉不是收藏品，我们要懂得通过人脉资源来实现共享。人脉有两个根本特质，一个是“互动”，一个是“互利”。在归纳自己的价值并积极传播的同时，我们也要学会发现周围人的价值，并传播到更大的范围中去。这样，我们的人脉网才会像互联网一样发达。

张志远是一家大型保险企业的推销员，因为做保险推销，张志远从一个默默无闻的无名小卒，在短短5年的时间里，便跻身保险销售行业的领军人物，他在这5年时间里创造了价值上亿的销售业绩。或许人们在感叹张志远成功的同时，会迫切地想知道张志远成功的秘诀。

事实上，张志远在与他同等层次的推销员中，无论是聪明程度，还是能力都不是顶级的，而他能够创造如此巨大的成就，得益于他丰富的人脉资源。在日常生活中，张志远总是能够主动与他人分享自己的人脉，将自己的客户介绍给他人，又从他人那里得到潜在客户。在张志远看来，只有让大家一起享受利益，机会才能不断降临到自己身上。

张志远一直都是这样做的。例如，他时常将自己的保险客户介绍给好友。一位购买张志远所推销的保险的客户，从事的是广告设计的工作，刚好张志远的一位好友的公司需要为新生产出来的产品进行广告设计。于是，张志远便将自己的客户介绍给好友。因为张志远这层关系，好友便将新产品的广告设计交给那位客户去做，那次合作令双方都十分满意。

当好友的客户有购买保险的意向时，对方也会毫不犹豫地将自己的客户介绍给张志远。也正是通过这种方式，张志远获得了很多客户资源；更是因为如此，张志远在短短的5年时间里，不仅成功开发了大量的客户资源，还创造出了保险销售界的奇迹。

倘若你有一个非常好的人脉网，我也有一个非常好的人脉网，我们互相交换，那么，你有两个人脉网，我也有两个人脉网。因此，扩展人脉最有效的方法就是与你的朋友分享和交换人脉资源。拓展高价值人脉资源的最有效方法，就是和他人交换高价值人脉资源。不要害怕自己的高价值人脉资源被别人“抢走”，因为人脉是一种越分享就越多的东西。

那么，在分享人脉的过程中，你需要注意点什么呢？

1.多给他人点恩惠

俗话说“成大事者，必先学会做人”，而所谓的“学会做人”，就是学会积累人脉关系。若能一直秉持着先对别人施恩或先为别人打开方便之门，为别人提供人脉资源的信念，那你就能左右逢源，你的人脉网也会更加完善。

2.遭到拒绝，不要气馁

在与朋友分享人脉资源时，有时会遭到别人的拒绝，对此，你万不可气馁，如果是因为自己的人脉资源无法对对方起到帮助作用的话，你应另辟路径，从其他方面帮助朋友，善于把握机会，也就是说，抓住一切能与朋友分享人脉资源的机会。

3.分享，也是有底线的

在与人分享的过程中，你要留心的应该是注意自己的人脉网有谁有兴趣去认识更多的人。不过有一点必须提醒你，那就是无论你与谁进行分享，都绝对不能让他们拥有你的完整的人脉网清单。因为如果你随随便便就把自己的全部人脉网清单分享给对方，那么你很可能就会被无情地踢开，未免有些得不偿失了。

4.多参加朋友的聚会

你认识一个人，但你却不一定认识他的朋友，如果那个人说，带你一起出去玩，到时候可能会遇到很多你不认识的人。当你到了聚会的地方，你就会认识一些来自五湖四海本不相交的人。

5.为人大气，不小气

越是小气，你的朋友就会越少；越是小气，你的能力就会越有限。朋友们，大度一点，学会分享，相信你收获的不仅仅是交换的那一份资源。例如，老板给了我们一个“肥差”，我们若独自霸占，那就极易招人眼红，我们可以学会与其他人分享，当其他人有利益的时候，相信也不会忘了你。

如果有人请你帮忙，但你自己做不到的时候，可以想想自己的人脉中是否有人能够帮忙，然后主动告诉他你可以找人帮他的忙。不要因为怕麻烦，就轻易回绝别人的请求，如果你帮上了忙，这会是你们建立进一步交往的契机，以后关系会越来越亲密。

第 06 章

感谢折磨你的人，给了你积极奋进的力量

王尔德说："世上只有一件事比遭人折磨还要糟糕，那就是从来不曾被人折磨过。"没有经历过折磨的人无法展翅高飞，没有被别人折磨过就不能成长。所以，感谢折磨你的人，给了你积极奋进的力量。

调整心态，一切都有可能

现实生活中，有很多人面对人生的各种磨难和坎坷，总是能够积极主动地战胜困难，绝不逃避畏缩。但是也有很多人缺乏自信，不管遇到什么问题，第一时间想到的就是逃避。他们在还没有开始做一些事情之前，就告诉自己“不可能”，试想，如果怀着这样的心态，又怎么可能如我们所愿地做好每一件事情呢！所以并非事情真的不可能做到，而是因为我们，先入为主、存在偏见，这才导致我们不管做什么事情都失败，不管做什么事情都变得真的“不可能”。

当我们端正态度，努力相信一切事情都有可能实现时，这个世界上就再也不会存在“不可能”。曾经，人们觉得螃蟹不能吃，但是在第一个人吃了螃蟹安全无虞之后，吃螃蟹的人就越来越多，而且有很多人都把螃蟹作为鲜美可口的美食。曾经，有人觉得食用番茄会使人中毒，在第一个人吃了番茄之后，番茄如今被称为爱情果，而且成为人们餐桌上的美味。所以世界上的事情并非不可能，而是我们心中的胆怯禁锢了我们。为了帮助自己战胜不可能，拿破仑·希尔在为自己买下字典之后，马上就会把字典里的“不可能”三个字剪掉，从此之后他的字典里再也没有“不可能”三个字，他的人生也变得勇往直前。正是这样的人生态度和坚定信念，才使他后来成为成功学大师，把很多成功的经验与诀窍传播给人们。实际上，剪掉字典上的“不可能”并不能真的剪掉我们心中的“不可能”，要想调整好心态，最重要的是变得勇敢坚定。

一个人的心中如果总是牢记自己做任何事情都“不可能”，那么他就会把自己束缚住，不管做什么事情都无法真正放开手脚。与此相反，如果一个人心中始终牢记自己什么都能做，那么他就会爆发出强大的力量，甚至创造奇迹。邓普西的身体条件换作他人，别说是踢球了，只怕是正常生活都无法进行和维持。但是他做到了，他比很多健康的男孩更加优秀，他创造了生命的奇迹！

人生的路很漫长，我们需要面对的事情很多，任何时候，都不要悲观消极地认为很多事情都是不可能的。唯有认定自己是可以做到的，我们才能表现得更加优秀，也才能更加相信自己，确定自己是无所不能的！

对手，会让你变得更强大

现代社会，人际关系被提升到前所未有的高度，人们要想融入生活、融入职场，就必须学会与他人相处，搞好与他人之间的关系，从他人身上汲取力量，借鉴经验，让自己不断进步。然而，人生是很漫长的，而且这个世界上没有两片完全相同的树叶，也没有两个完全相同的人，所以千人千性，我们面对不同的人就像面对千面娃娃一样困惑：到底如何和这么多的人都相处好呢？尤其是当遇到我们不喜欢的人，或者与我们的对手打交道时。

毫无疑问，每个人都喜欢自己的身边簇拥着朋友，也希望自己只需要和朋友打交道，和爱自己的人相处，可以离那些对我们居心叵测或者想要与我们一决高下的人远远的。遗憾的是，我们做不到，因为人是群居动物，而我们恰恰是群居的一员。从这个角度而言，每个人在人生的历程中都会遇到自己不喜欢的人，也会遇到对手。既然无法避开他们，聪明的人总是能够沉着冷静，而不会歇斯底里。要知道，歇斯底里永远都是减弱自身力量的方式，也会对我们的人生造成严重的甚至是恶劣的影响。所以聪明的人从来不会对对手暴怒，相反他们借助于对手激励自己增强实力，提升和完善自己。我们的对手越强，我们越想要与之抗衡，也就意味着我们越是要充实自己，让自己变得更加坚强勇敢。

一直以来，露西都因为自己不如莉莉优秀，而耿耿于怀。每次当爸爸妈妈说："露西，你看莉莉……"露西都会觉得很难过。她不知道自己在爸爸妈妈心目中，为何永远没有莉莉好。有段时间，露西特别嫉妒莉莉，甚至恨不得爸爸妈妈只生了自己这一个女儿。

这段时间，学校里正在准备举行一场歌唱比赛。莉莉和露西都在全力以赴地准备歌曲，但是露西不管怎么唱，都觉得自己的声音不够优美。其实，这只是和莉莉相比，因为老师甚至断言莉莉和露西必然是第一名和第二名，还说她们的声音都和天籁之音一样美妙。然而，露西可不想屈居于莉莉之后。有一天晚上，她故意在莉莉睡着后撤走莉莉的被子，导致莉莉身患重感冒，嗓音也变得沙哑。得知真相后，妈妈觉得很伤心，问露西：“露西，为何你不想办法让自己唱得更好，从而公平地和莉莉竞争呢？要知道，你现在的做法是很糟糕的。如果你愿意，妈妈可以给你聘请声乐老师，专门给你上几节课，这样你就可以得到很大的提升，你愿意吗？”露西意识到自己的错误，非常懊悔，说：“好的，妈妈。我的确应该让自己强大起来，而不是故意伤害莉莉。”最终，莉莉和露西成为并列第一，赢得了歌唱比赛的冠军。

露西因为争强好胜，把莉莉当成她的对手。然而，依靠降低对手能力的方式来获胜显然是不明智的。不管我们的对手是谁，我们唯有更好地提升和完善自我，才能真正战胜他人。尤其需要注意的是，我们要战胜心中的妒忌，这样我们才能挣脱内心束缚我们的诸多负面情绪，更好地拥抱人生中的各种机遇。

在现实生活中，有善意的对手，也有恶意的对手。不管我们面对的是谁，都要努力提升自己，从而让自己与他人实力相当，唯有如此，我们才能与他人展开博弈，获得成功。所以朋友们，请感谢那些折磨我们的对手吧，正是他们激励我们不断前进，才让我们变得更有力量、更加强大。

改变自己，顺应职场生存规则

人在职场，几乎都曾经遇到过折磨自己的人。实际上，他们折磨我们也并非都是故意的，有很多时候他们也可能是无心之举，毕竟职场上明枪暗箭，偶有误伤也是在所难免。因而我们必须学会超越自我，才能战胜工作中的折磨，才能坦然面对那些借助于职务便利故意折磨我们的人。所谓退一步海阔天空，大概就是指我们要心远天地宽。

现代职场，要想找到快乐工作的人很难，相反，几乎每个人都在抱怨工作非常辛苦，抱怨上司把自己当成机器一样使唤，抱怨同事不好相处。殊不知，唯有折磨你的人，才能帮助你不断超越自我，哪怕他们说的话很难听，或者是一针见血地指出你的错误，甚至他们对于你完全是恶意，但是他们偏偏无心插柳柳成荫，成就了你。

其实，一个人如果无法改变这个世界，那么就要学会改变自己，以适应这个世界。毕竟，生活从来不会以我们的意愿为转移，哪怕我们再怎么奢求，也不可能成为整个宇宙的中心。在这种情况下，我们与其自寻烦恼，不如从容接受。退一步而言，哪怕现在我们工作的地方就是自己创办的企业，我们也不可能完全做到顺心如意。如果说一个人的能力和实力决定了他的发展，不如说他对自己的把控，才能帮助他成功战胜自我、超越自我，也同时对工作中的一切折磨人的人与事情都视为等闲。这样的人才能在工作中如鱼得水，才能在职业生涯的发展中更加顺遂如意。

作为名牌大学的高才生，王强对于自己毕业后分配的研究员工作感到很无奈。毕竟好男儿志在四方，他根本不想每天只在办公室里埋头整理各种文件和资料。后来，一个偶然的机会，一个钻井队来到他们的研究所寻找懂得理论的专家作为他们的指导人员。有了这个机会，王强主动申请去钻井队。进入钻井队的第一天，他就接到了一个特殊的任务。领导让他把一个盒子送到高达几十米的钻井架上，给钻井队的领队。然而，让王强很惊讶的是，当他气喘吁吁地把盒子送到之后，领队根本没有打开盒子，而只是在盒子上签名，就让王强再火速把盒子送回给领导。

原本王强还百思不得其解，然而等到他看到领导在盒子上也签了个名字，就让他再次爬上几十米高的钻井台把盒子给领队时，他的心中有了愤怒的火苗。他强行压制住心中的怒火，再次冒着炎热的大太阳，从滚烫的铁架子上爬上钻井台。等到达钻井台时，他几乎要虚脱了，因为他根本不知道任务有多紧急，所以只能竭尽全力。然而，领队只是不以为然地打开盒子，王强这才发现盒子里只有一瓶咖啡和一瓶咖啡伴侣。领队拿出咖啡开始冲泡，全然无视王强愤怒的眼神。等到咖啡泡好了，领队请王强喝一杯，王强却生气地一下子打翻了咖啡。就这样，王强没有通过来到钻井队第一天的测试，他不得不打道回府，继续从事枯燥乏味的工作。

领导和领队并非在故意刁难或者耍弄王强，而是王强理解错了他们的意思。在钻井平台上，危险随时随地都有可能发生，很多极端的情况下，从业人员必须能够顶住巨大的压力，才能解决问题。而抗压能力以及抵抗挫折的能力，就是对从业人员最基本的要求。虽然王强在理论上很有实力，但是他的愤怒使得他最终失去了留在钻井队工作的资格。

不管怎么说，职场都不是我们的家，职场上的领导和同事与我们虽然是友好合作的关系，但是很多特殊的情况下也会存在竞争关系。因而我们永远也不要奢望在职场上会得到无微不至的关心和照顾，更不要奢望得到他人的理解和爱护。同事关系其实是非常微妙的人际关系，既不像朋友一样肝胆相照，又不像陌生人一样可以公事公办，必须把握和拿捏好度，我们才能把同事关系处理好，才能让同事关系为我们的工作创造便利条件。所以人在职场，不管遇到怎样的折磨，哪怕是遭遇不公正的待遇，我们都要忍气吞声，所谓忍得一时之气，未来才能海阔天空。尤其是对于初入职场的新人而言，如果遭遇莫名的折磨，更是不要轻易冲动或者陷入愤怒之中，唯有保持清醒和理智，我们才能做出最正确的抉择，也才能争取到机会用实力为自己代言。要知道，任何单位，任何领导，都不可能愿意接受一个脾气比能力更大的人。所以夹起尾巴做人，对于职场新人而言未尝不是一个好的选择。

忍耐，是人生的磨刀石

人生永远不可能是一帆风顺的，尤其是当我们对于命运有太多的奢望时，我们往往会发现命运似乎故意和我们作对一样，恨不得弄垮我们，或者是让我们无所适从。很多时候，命运的确能够得逞，我们面对命运的折磨总是感到很无奈，更不知道如何反击命运。但是难道我们就要这样束手就擒吗？当然不是。每当这时，我们最好的选择不是以卵击石，也不是一味地逃避，而是忍耐。

没错，就是忍耐。在人生之中，很多糟糕的结果之所以出现，就是因为我们缺乏忍耐的心，也没有足够的定力面对他人的恶意挑衅和伤害。其实，很多伟大的人物之所以有所成就，就是因为他们很擅长忍耐。如美国前任总统林肯，每当生气的时候从来不会凭着冲动的本能行事，而是会先写一封信，在信上怒骂那个让自己陷入被动的人，但是在这封信写好之后，他并没有选择寄出去，而是把信撕毁。每每到了这个时候，他心中的怒气基本也就发泄出来了，所以他可以马上心平气和地继续写信，这封信才是真正要寄给当事人的。凭借着这样发泄怒气、忍耐怒气的技巧，林肯才能把总统做得更好，也才能取得举世瞩目的成就。

每个人在生活中都会遇到各种各样的不愉快，这些不愉快的事情往往会激发我们的负面情绪，使得我们的精神状态也变得不那么稳定。每当这时，就像是十字路口亮起红灯，我们一定要警示自己不要冲动，是要保持理智和平静。所谓忍一时风平浪静，如果在该忍的时候不能忍，而是任由自己的情绪肆虐，做出让自己追悔莫及的事情，那么最终的结果也许就是无法收场了。现实生活中，激情杀人的案例并不在少数，所以我们更应该时刻牢记“忍耐”二字，把“忍耐”二字印刻在自己的心里，时刻都要做到退一步海阔天空。要知道，很多事情一旦发生是根本没有回旋余地的，尤其是那些会造成严重后果的事情，更会彻底改变我们的命运。因而朋友们，在冲动面前千万不要怀着侥幸心理，而要严防死守，不要轻易让情绪决堤，更不要任由情绪肆虐，给我们的人生带来不好的影响。

现代社会竞争非常激烈，不但成人在职场上常常拼得你死我活，就连小小的孩子都为了不输在起跑线上，每天有上不完的课外班、兴趣班和辅导班等。在忙碌的同时，我们不禁扪心自问：这个时代到底怎么了？毋庸置疑，这个时代变得越来越浮躁，但是我们的心不能浮躁。我们唯有始终保持清醒和理智，按照自己的节奏去生活，才能更加从容洒脱，才能在人生之中得到好的结果。

人是万物的灵长，在整个大自然中，人类都是最富有智慧的。正因为如此，我们更要学会忍耐，让自己区别于动物。生活犹如在大海中航行，哪怕不小心遇到一个浪头，都有可能使我们的人生之舟倾覆。在这种情况下，小心驶得万年船，我们唯有保持清醒，不慌不躁，才能以不变应万变，才能成为一个合格的舵手。当然需要注意的是，所谓的忍耐，和胆小怯懦不是一码事。胆小怯懦的人是因为恐惧，所以选择畏首畏尾。但是忍耐的人心中并不恐惧，而只是为了让事情有好的结果，或者是为了与他人搞好关系，才选择暂时的隐忍。因此忍耐并非是软弱怯懦，也不是胆小退缩，更不是背叛，而是以退为进的高明策略，是人际相处的首要原则，也是人生获得成功的必经之路。

然而，随着独生子女一代的成长，如今的职场上以80年代的人为主力。他们是社会的中坚力量，是职场的顶梁柱，但是从小生活在独生子女家庭中，并没有良好的忍耐精神。为此，现代职场剑拔弩张也就不足为奇了。既然知道问题的所在，不管是作为普通的职员，还是作为公司的管理者，我们都要更加深刻地反省自己，从而有的放矢，让自己变得更具有忍耐精神。古人云，以不变应万变，实际上，忍耐就是以静制动，也是能够应对一切问题的万全之策。

中国自古以来就崇尚儒家学说、道家学说，其实儒家和道家都是主张忍耐的。每个人在人生的道路上都会遭遇各种各样的磨难，更有可能因为命途多舛而轻易放弃。殊不知，忍耐的人更有坚韧不拔的精神，他们可以默默无闻地忍耐，但是却从来都不会轻易放弃。从这个角度而言，忍耐更像是一种获得成功的手段，因为在忍耐的过程中，人们能够找到新的平衡点，从而使自己的人生更加从容。

所谓百炼成钢，人生实际上就是十年磨一剑，有的时候甚至需要花费几十年的光阴，才能真正做好一件或者几件事情。而忍耐，恰恰就是人生的磨刀石，也是淬炼宝剑的熔炉。朋友们，再也不要因为一时冲动就被蒙蔽眼睛，而是要努力修炼自己的心性，让自己的心在淡定平和中变得更加清明。古人云，宠辱不惊，闲看庭前花开花落，去留无意，漫随天外云卷云舒。我们也许不能达到不以物喜、不以己悲的至高境界，但是却可以让自己学会忍耐，唯有如此，就算面对人生的风雨泥泞或者遭遇人生的重大打击和挫折，我们也能坦然相对，绝不惊慌失措。

前进的路，一定是泥泞路

走得太容易的路，一定是下坡路，而在上坡的过程中，我们总是要付出更多的辛苦和努力，才能一步一步不断进步，越来越接近成功。每个人都希望自己的人生之路非常平顺、平坦，但是遗憾的是，现实的人生是很残酷的，我们很少能够一帆风顺、毫不费力地走下去，更多的时候，我们会遇到各种各样的困难和阻碍。强者因为这样的挑战，而说服自己更加不遗余力，变得坚强；弱者则会使自信心受到严重的打击，导致自己对于人生失去信心，甚至彻底放弃在人生中的诸多努力。

其实，不要抱怨人生之路多风雨和泥泞，只有弱者才愿意不费力气地做好一切，而真正的强者，从来不畏惧人生的风风雨雨，因为他们知道，唯有在泥泞的道路上，才能获得更大的进步，也才能取得最终的成功。

不可否认的是，人与人之间真的是有差异的。诸如有的孩子非常擅长美术，有的孩子很擅长语文，而有的孩子对于数字特别敏感。哪怕长大成人，这种差异也不会不复存在，而是在成长的过程中变得越来越明显。所以请不要因为别人的成功而对自己提出过高的要求，也不要因为别人在某些方面表现得不如自己就降低对自己的要求。任何情况下，我们需要比较的对象都是我们自身，而不是其他人。我们比较的标准可以是昨日的自己，而不是其他优秀者或者失败者。我们无须妒忌那些比我们强太多的人，也无须看不起那些不如我们的人，要知道，尺有所短，寸有所长，我们唯有正视自身的缺点和优点，才能取长补短、扬长避短，最终让自己变得更加趋于完美。

朋友们，要记住，人生之中没有不劳而获。任何小小的收获和成就，都需要我们付出汗水、泪水，甚至是流血才能得到。那些运动员之所以能够为国争光、举世瞩目，是因为他们从很小的时候就开始刻苦锻炼。当其他孩子在父母的呵护下尽情享受美好的童年时，当其他孩子在父母无微不至的照顾下吃好喝好时，他们也许正在流血流泪，正在克制自己的口腹之欲，以免对于锻炼成强健的身材不利。如今，因为生活水平的大幅提高，很多人都变得肥胖。他们羡慕其他人的好身材，却不知道其他人为了保持身材，从来不敢放纵自己吃太多，更不敢吃那些美味的蛋糕和甜点。所以，一分耕耘，一分收获，命运任何时候都是公平的。我们也不要抱怨自己得到的太少，而要经常问问自己到底付出了多少。

上帝为一个人关上一扇门，必然为那个人打开一扇窗。因而朋友们，不要抱怨上帝没有偏爱你，而要看到上帝特别给了你什么，让你与众不同的那些方面。只要我们心怀感激，坦然接纳命运的磨难，我们的人生尽管曲折，但是我们却会在磨难中得到更多的成长，我们的心灵也会变得更加充实。正如古人所说，天将降大任于斯人也，必先苦其心志，劳其筋骨，饿其体肤，空乏其身，行拂乱其所为，所以动心忍性，增益其所不能。怀着这样的心态坦然迎接人生的磨难和历练，我们才能变得更加积极乐观，哪怕面对痛苦，也能够获得成长，感悟到痛苦对于生命独特的意义。这样一来，我们才能走好人生的泥泞之路，悦纳人生，享受人生。

第 07 章

战胜负能量，你才能有力气到达远方

人们遇到困难或挫折时可能陷入负能量的泥沼无法自拔，时间久了，便会越来越颓废，渐渐失去创造美好生活的激情与希望。成功离不开积极的心态和勇往直前的信心，战胜负能量，我们才能有力气到达远方。

戒掉浮躁，静心思考人生

现代社会的发展速度非常快，人们的生活节奏越来越快，生存压力也越来越大，导致更多的人变得非常浮躁，对于人生，总是患得患失，不能坦然面对。我们之中的大多数人都是普通而又平凡的老百姓，其实，对于我们而言，生活中更多的是琐碎的小事情，根本不值得火急火燎、心急如焚。经常关注新闻的朋友们会发现，如今有很多功成名就的人，在年纪轻轻的时候就过劳死、猝死，不得不说，这是大自然正在给我们敲响警钟。当我们为了住上大房子、买好车，而不停地透支自己的生命时，我们付出的是无法挽回的惨重代价。正如人们常说的，人生一切的得到都是0，必须在以健康的身体为1的情况下，才具有意义。如果没有健康的身体作为1，一切0都会变得空虚和毫无意义。既然如此，匆匆忙忙的我们，是否应该停下片刻也不曾停息的脚步，静下心来认真审视自己的人生呢？

除了人生状态过于浮躁之外，还有很多人的心态也特别浮躁。他们总是渴望成功，也迫不及待地想要获得成功。就算是对待爱情，他们也恨不得和泡一碗泡面一样，只要注入沸水，几分钟就能速成。殊不知，爱情和成功都不是一蹴而就的。古人尚且说，成功讲究天时地利人和，更何况是在各种关系都更加复杂的现代社会呢？我们必须摆正心态，做足准备，才能等待成功的到来。所谓欲速则不达，意思就是急于求成，反而会事与愿违。还有一句俗语，叫作磨刀不误砍柴工，意思是说人们在上山砍柴之前，如果把柴刀磨好，就能事半功倍。与此相反，假如人们为了尽早砍柴而不磨刀，那么很有可能因为柴刀很钝，导致砍了半天也没砍多少柴火。

很久以前，有个年轻人迷恋上剑术，因而背起行囊去了深山之中，想要寻找当时最负盛名的武功高手拜师学艺。他走啊走啊，足足走了一个月，才在遥远偏僻的深山里找到武功高手。武功高手看到年轻人非常诚心，因而也尽心竭力地教给了他一套剑法。然而，因为年轻人功力尚浅，所以这套剑法练下来，就像是花拳绣腿一样，看上去毫无力道。看着年轻人沮丧的样子，武功高手笑着说："只要你持之以恒地练下去，终有一天能够出神入化。"年轻人心急地问："老师，我需要练习多久才能有所成就呢？"武功高手说："至少3年。"

听到武功高手的回答，年轻人眉头紧皱，显而易见，他觉得3年的时间太长了。因而他又问："老师，如果我晚上少睡觉，专心练剑，需要多久？"武功高手说："至少10年。"年轻人很困惑，继续追问："如果我把吃饭睡觉的时间都节省下来练剑，能否提前一些呢？"武功高手依然很淡定地说："至少30年。"年轻人纳闷不已，武功高手看出了他的困惑，微微一笑解释道："凡事都有自身的规律，我们必须顺应规律，顺势而为。如果你故意不睡觉练剑，打乱了自身的运行，那么必然导致事与愿违，至少需要10年；如果你连饭也不吃了，必然感到体亏乏力，能勉强活着就不错了，30年能练成剑术也算是奇迹。"武功高手的话使年轻人恍然大悟。

正如武功高手所说，凡事都是有规律的，我们要想取得更好的发展，就要尊重规律，顺势而为，这样才能最大限度发挥自身的能力。倘若我们打破规律做事情，最终一定会因为本末倒置，导致事与愿违，事倍功半。朋友们，从现在开始，就让我们端正心态，不要再心浮气躁了！

古人云，锲而舍之，朽木不折；锲而不舍，金石可镂。这句话告诉我们，对于任何事情，都必须坚持不懈、全心全意地去做，才能最终取得成功。假如我们遇到小小的困难就放弃，或者没有毅力坚持下去，即便是很小的事情也无法获得成功。人生路上，我们有太多的事情需要完成，但是，我们真正能够完成并且使其圆满的事情却很少。归根结底，我们的时间和精力都是有限的，我们只有降低欲望，集中自己所有的精神去做眼前的事情，才能把事情做好。否则，如果我们贪婪地想要同时做好很多事情，或者这山望着那山高，那么最终的结果一定使人遗憾。

理智思考，战胜恐惧

人生不如意十之八九，如果仅仅是不如意倒还好，但有些时候，那些突如其来的灾难也会打得我们措手不及。在这种情况下，手足无措的我们难免焦虑不安，心生恐惧。很多人都羞于承认自己的恐惧，似乎只要承认了恐惧，也就证实了自己的软弱无能。其实，恐惧并非那么可怕，也并不可耻。作为人类最正常的情绪之一，恐惧是人类本能的反应。我们越是逃避恐惧，我们就越发感到恐惧。当能够正视恐惧，我们才能发现我们原本害怕的事情实际上并没有什么大不了的。这就是内心的坦然帮助我们战胜了恐惧。

通常情况下，恐惧会导致严重的自我伤害，心存恐惧的人不但信心全无，也会因为害怕失去战斗力。其实，很多时候我们所恐惧的都是虚无缥缈的东西，但是恐惧恰恰使我们被这些原本不存在的东西深深伤害。为了减少生活中不必要的伤害，我们必须战胜自己怯懦的内心，让我们的生活变得更加平静美好。话虽如此，但恐惧并不是能够轻易消除的，尤其是很多时候，恐惧都是带有强迫性的情绪，根本不以人们自身的意志和愿望为转移。当遭遇极度的恐惧，人们不但变得胆小怯懦，也会对人的身体健康产生切实的影响，诸如人的胃会因为恐惧疼痛，人的精神会因为恐惧变得萎靡不振。总而言之，恐惧对人有百害而无一利，我们唯有战胜恐惧，才能释放自己，才能成为自己真正的主宰。

有些恐惧在达到一定程度之后，会使人产生错误的预感。在这种预感的指引下，原本没有那么糟糕的事情也会变得越来越糟糕。其实，这其中不乏负面情绪的影响作用，我们潜移默化地接受负面情绪的引导，并且使事情越来越糟糕，这岂不是最可怕的吗！包括整个大自然在内，一切事情都不会一帆风顺，也因此人们被心底的恐惧裹挟着，导致生活紧张不安。既然我们无法改变客观存在的一切，就只能调整自己的心态，让自己变得更加淡定从容，也对生命充满敬畏。

亨利在一家冷库工作。这天下班，亨利突然想起自己需要去最大的冷藏柜里取东西，因而就急急忙忙地跑了进去。等到他找到自己需要的东西准备出来时，才发现有同事把冷藏柜的门锁上了。亨利懊恼极了，他不停地捶打着冷藏柜的门，却没有任何人听到他的呼救，更没有人赶回来救他。亨利最终彻底绝望了，他想到自己这个夜晚就会被冻死在冷藏柜里，不由得心生恐惧，心惊胆战。

次日清晨，工友来上班，打开冷藏柜之后发现亨利已经被冻死了。最使人惊讶的是，亨利所在的冷藏柜特别大，有足够的氧气供他呼吸，而且这个冷藏柜根本没有通电，温度为10℃。在这样的温度里，即使是孱弱的猫狗也不会被冻死，但是亨利的的确确被冻死了。

这个事例充分证明了恐惧是大脑的非正常状态。从追根溯源的角度来说，人们之所以恐惧，是某些恐怖的经历引起的。然而，一旦人们陷入恐惧之中，往往会忘记导致自己恐惧的原因，而一味地沉浸在恐惧之中。例如，事例中的亨利因为被锁在冷柜中而恐惧，他只想到自己会被冻死，却忘记了自己就算是被冻死，也必须由低温导致。正是因为他忽略了原因，一味地沉浸在恐惧之中，所以才会被自己内心的寒冷冻死。在恐惧的时刻，假如我们能够保持冷静淡定，能够保持理智，那么我们的恐惧就会渐渐减弱，因为理智思考能够帮助我们恢复智商，也能帮助我们战胜恐惧。

人生在世，随时随地都要面临恐惧的威胁。根据心理学家的发现，人之所以会感到恐惧，是因为无知。由此可见，对抗恐惧的最佳方式就是努力提升自我，让自己知道得更多，也就不会因为无知感到恐惧了。此外，有些恐惧还是无端的。现代社会网络如此发达，我们每天就算足不出户，也能了解世界各地发生的各种恐怖事件。在这种信息量越来越大的情况下，敏感的人也更容易陷入恐惧之中。我们必须意识到，很多时候恐惧并不能伤害我们，但是，当我们因为恐惧感到心惊胆战、惊慌失措时，我们的生活就会被恐惧绑架。朋友们，面对生活，兵来将挡，水来土掩，没什么好怕的！从现在开始，就让我们轻轻松松、高高兴兴地生活吧！

保持愉悦乐观，谨患“心灵流感”

前段时间，有个妈妈抱着年幼的两个孩子，跳下了十几层楼的家，母子三人全部当场死亡。这样的事情使听到的人无不动容，到底是什么，让一个妈妈狠心剥夺两个年幼孩子的生命呢？是无法忍受的痛苦，还是无力承受的重负？一切都不是，只是这个妈妈患了严重的抑郁症，对生活悲观失望，最终选择带着孩子一起去极乐世界，她以为是解脱，实际上她却剥夺了即使是妈妈也无权代替孩子决定的生存权利。看到这则新闻，有人憎恨那个“爸爸”的失职，也有人指责这个妈妈的残忍。然而，逝者已矣，除了留给活着的人无尽的伤痛之外，说这些话还有什么意义呢?

现代生活中，抑郁症已经成为“心灵流感”，不知不觉间就席卷了许多人的生活。很多女性朋友生完孩子后会因为体内激素失调，患上产后抑郁症，因而近年来新手妈妈患上抑郁症，抱着孩子跳楼自杀的新闻时有发生；还有一些人因为工作压力太大，患有轻度抑郁，出现失眠、焦躁的症状。在抑郁症患者中，女性朋友的比例更大，这与女性天生的敏感细腻有关系。当然，男性中也不乏抑郁症患者，如香港著名影星张国荣。

人生是漫长的，在每个不同的人生阶段，人都有不同的心态。也因为每个人的人生经历不同，所以即便对于相同的事情，每个人的反应也不是完全相同的。从心理学的角度而言，抑郁是一种非常复杂的负面情绪，它不仅仅是焦虑，也不仅仅是恐惧，而是由焦虑、愤怒、恐惧、悲哀、绝望、苛责、惭愧等诸多情绪复合在一起形成的。当然，抑郁也并非我们想象的那么可怕，通常情况下，人们因为心情的波动会有轻度抑郁症状。但只有在抑郁超过一定限度时，才会发展成为病态心理。又因为每个人的人生经历、成长背景和受教育程度以及心理承受能力不同，抑郁症又根据强弱分为不同的类型。总而言之，对于抑郁症，我们千万不能小觑。当人们陷入抑郁之中，哪怕是风吹草动，都会导致心理上和情绪上产生巨大波动。记住，抑郁和普通的不快是完全不同的，我们一定要学会区别，才能及时体察自身的情绪。

在19世纪的诸多画家中，凡·高显然并不出色。尽管他的画作在后来受到世人追捧，一幅画的卖价高达8250万美元，但是在他活着的时候，他却始终穷困潦倒、一贫如洗。幸好有经商的弟弟一直在接济他，否则他穷得连买颜料的钱都没有。可想而知，他活着的时候多么落魄。

因为一生颠沛流离，感情生活也始终不顺利，而且画作得不到认可，凡·高越来越抑郁。为了释放内心的愤懑，他经常自残。1888年12月23日，凡·高与当时担任法国阿尔城艺术家协会会长的戈甘发生了争执。一怒之下，他用剃须刀割掉自己的一块耳朵，并且用报纸将其包好，带到妓院里。其实，凡·高当时已经身患严重的抑郁症，这不是他第一次对自己做出如此过激的举动。

后来，凡·高因为耳朵上的伤住进医院一个多月才出院。出院后又过了一个多月，凡·高在经过医院的一个出口时，突然喝下一升多的松节油。这次，是凡·高第一次想要自杀。此后，凡·高经常因为过于沉重的精神压力，做出使亲朋好友提心吊胆的事情。他始终在痛苦中犹豫、纠结和徘徊，他的心理压力达到了前所未有的沉重程度。

1890年7月27日，凡·高在一个农庄中，用手枪对准自己的腹部开枪，然后回到房间等待死神降临。直到两天之后的清晨，人们才发现他已经去世。当时，凡·高才37岁，他短暂的一生如同他画笔下的向日葵那般绚烂。

凡·高是典型的抑郁症患者，只不过因为当时抑郁症还不为人们所关注，所以大家没有意识到他其实已经生病了。在痛苦纠结的一生之中，凡·高给世界留下了很多极具艺术价值的画作，遗憾的是，这些价值连城的画作在他活着的时候，并没有给他带来富裕的生活。现代社会，各种压力都成倍增长，因而患抑郁症的患者也越来越多。央视著名主持人崔永元，就患有抑郁症，而且坚持治疗了很长时间，才稳定病情。

作为现代人，我们应该越来越关注抑郁症，也应该了解到抑郁症并非可怕的精神病那样失常，只是人们的心理状态异于常人，非常低落而已。其实，抑郁症不但可以通过药物进行控制和治疗，也可以采取运动疗法、音乐疗法等来控制和治疗。具体采取哪种方法，要因人而异，如有些抑郁症患者很喜欢种植花花草草，那么花卉种植对于他们而言就是排遣抑郁的好方式。顾名思义，抑郁症就是因为抑郁导致的，一切能够帮助人们赶走抑郁、变得快乐的方法，都是治疗抑郁症的有效方法。此外，我们也应该未雨绸缪，经常注意端正自己的心态，调整自己的情绪，使自己保持愉悦乐观，这样才能真正远离抑郁。

点燃生活的希望，成就丰富人生

对于生活，大多数人按部就班，少部分人当一天和尚撞一天钟，缺乏激情和创意，只有极少数人始终满怀热情，所以能够点燃生活的烈焰，成功地改变命运的轨迹。常言道，靠山山会倒，靠人人会跑。在漫长的人生路上，我们也许会有很多依靠，但当遇到坎坷挫折和无法逾越的困境时，才发现原来我们只有依靠自己，才能成就自己，改变命运。事实的确如此，我们唯有成为自己的主宰，满怀激情地投入生活，才能最大限度成就人生，点燃生活。

活着，不是苟延残喘，也不是混沌度日，而是找到属于自己的人生天地，那就是我们全部的世界。当然，这个世界是别人所给不了我们的，哪怕是无比疼爱我们的父母，也不能给我们。因此，我们必须努力不懈，才能最大限度拓展人生，实现人生价值。

如今，很多人都有机会走出国门，看一看外面的世界。那么经常出国的人就会发现，在世界各地，都能发现希尔顿酒店。人们知道希尔顿酒店是行业内的翘楚和传奇，却不知道这个传奇仅仅发源于5.7美元。这一切，都是因为希尔顿酒店的创始人希尔顿先生的不懈努力。

希尔顿刚刚20岁时，就在美国新墨西哥开了一间家庭式旅馆。这个旅馆在堆满杂物的茅草屋中，只有很少的几个房间。当时正值圣诞节，他把这间家庭式旅馆当成圣诞节礼物送给了自己。他曾经在母亲面前许下诺言，说自己终有一天要集资100万美元，创建一家真正的旅馆，并且命名为希尔顿。此外，他还告诉母亲，自己将会把希尔顿旅馆开遍美国。对此，母亲觉得他简直在异想天开。然而，希尔顿从未忘记自己的梦想。光阴荏苒，转眼之间21年过去了。在41岁生日时，希尔顿成功实现了自己年少时的梦想，当时，希尔顿酒店已经成为全世界连锁的知名酒店。这一切成就，并非因为命运垂青才让希尔顿如愿以偿，而是取决于希尔顿长期坚持不懈的努力，以及他面对坎坷挫折也决不放弃的精神。

希尔顿在刚开始实现人生第一步时，遭遇了巨大的打击。因为美国金融危机的影响，酒店生意惨淡，他为装修得富丽堂皇的酒店忧心忡忡。但是，希尔顿没有放弃，他动员全体员工不懈努力，团结一致共渡难关。在他的号召下，酒店里的每一名员工都竭尽所能节省、缩减开支，最终，母亲对愁眉不展的希尔顿说：“孩子，一切都会过去的。”尽管只是简单的一句话，却让希尔顿重新燃起希望和勇气。他不接受破产，而是四处借债渡过难关。即便是在全家人都居无定所的情况下，他也依然努力周转资金，最终让生意起死回生。

正是因为希尔顿的不懈努力和坚持，他才能渡过漫长的黑夜，迎来了黎明。在罗斯福新政颁布之后，希尔顿意识到一直以来笼罩着整个美国的阴云终将散去，他的酒店也走出泥泞，最终迎来一片光明。此时的希尔顿没有忘记自己的梦想，与时俱进，放眼全美国，甚至是全世界。他一旦确定目标，就开始坚定不移地行动，下定决心排除万难，实现自己的酒店帝国的梦想。

粗略了解希尔顿先生的经历后，我们不妨扪心自问：我们没有获得成功，到底是因为我们没有好运气，还是因为我们不够坚持和努力呢？任何时候，我们必须对生活满怀激情和热情，以激情和热情点燃生活的希望，再加上坚韧不拔的毅力，我们才能竭尽全力去改变生活，成就我们的梦想和人生。

人生之路，就在我们每个人的脚下。如何走好人生的路，很大程度上取决于我们的努力。所以从现在开始别再抱怨生活的无情，我们应该反省自身是否热情地对待生活了。我们必须努力，因为唯有努力，我们才能超越人生的一个又一个艰难坎坷，从而奔向属于自己的人生目标，实现我们的人生理想和美好憧憬。人生需要努力，更需要满怀激情地拼搏。从现在开始，让我们点燃人生的希望之光吧！

约束自己的情绪，保持冷静

一个真正的强者，是身强体壮，还是能力超群，抑或者是像很多现代人一样，自诩有着狼的野心和精神，因而能够朝着目标不懈努力？这些人毋庸置疑都很强大，但是又不是真正的强者。我们必须学会忍耐，学会在变幻莫测的世事之中，合理约束自己的情绪，从而成为自己的主宰，这才是强者所为。

毫无疑问，人是群居动物，尤其是在现代社会，人们之间的分工与合作越来越密切，不管是在生活还是在工作中，我们都要加强与他人的联系，才能让自己生活得更好。然而，人与人之间，原本并没有太多的交集。尤其是陌生人之间，不管是家庭环境、成长背景、人生经历还是教育经历等，都是完全不同的，这也就注定了他们的人生观、价值观和世界观的不同。在这种情况下，陌生人要想和谐相处，当然是天方夜谭。人与人之间总是有摩擦和矛盾的，正如人们常说的，牙齿还会咬到嘴唇呢，更何况是人与人之间呢！认识到这一点，想必朋友们对于彼此之间的摩擦和争执，都会感到理所当然，也能够相互宽容和体谅。

其实，要想处理好与他人之间的关系，从而为自己的生活与工作带来便利，最关键的就在于要合理约束自我的情绪。哪怕是与他人起冲突了，或者产生争执了，也要放平心态，做到从容以对。当然，一味地忍耐是很难消除心中的愤怒的，我们还要修炼和提升自己，从而帮助自已更好地认识到自身的问题，以便让自己心胸开阔。

别说我们作为普通人整日都要面临烦恼，哪怕是那些成功人士，也同样需要面对人生的各种烦恼和困苦。

假如我们面对挫折和磨难，始终心怀希望，那么我们至少可以在磨难中崛起，或者争取到新的机会，实现转机。

人生在世，我们难免情绪冲动，因此我们必须学会合理控制自已的情绪，从而让情绪始终平静可控，也能够帮助我们保持清醒和理智。这样一来，即便遭遇人生的痛苦与磨难，或者是他人的恶意挑衅，我们也能够从容应对，从而把磨难变成人生的财富，把别人的故意刁难变成我们的自我提升和历练。

远离愤怒，沉着解决问题

常言道，生气是用别人的错误惩罚自己。这句话说得很有道理，而且放之四海而皆准。任何人面对别人的伤害，如果心中不能释然，就会被别人的错误更深地伤害。在这种情况下，我们岂不是伤害自己更深，让自己损失更多吗？而且，心中愤怒不能释然的人，也会始终满怀怒气，导致自己陷入冲动的怪圈，做出让自己追悔莫及的事情来。这样一来，愤怒非但于事无补，反而会导致事情越来越糟糕，使得事情的发展不断恶化、出人意料，最终无法收场。

西方国家曾经有心理学家进行过相关实验，证明人在愤怒的情况下呼出来的气体是有毒的。由此可见，愤怒会导致身体产生毒素。其实，愤怒对于人外观的改变也是非常明显的，人在愤怒的时候往往面色铁青、脸色巨变、怒目圆睁，而且声音嘶哑，情绪起伏不定，激烈不安。如此一来，必然浑身颤抖，血脉偾张。而且，盛怒之下，人体也会加剧分泌肾上腺素，从而导致心率加快、气血上涌，所以自古以来才会有很多人被气死。也许在古代人们不知道是如何气死的，但是现代医学如此发达，我们很轻松就能判断出人是因为情绪激动导致血压升高，或者是导致心脏剧烈跳动，突然暴死。

不过，无论愤怒的表现多么明显，我们都不能否定的事实是，愤怒除了使人歇斯底里之外，对于事情的解决根本没有任何帮助。从解决问题的角度而言，愤怒真的不是好的选择。要想解决问题，我们就要控制自己的情绪，远离愤怒，从而保持理智，妥善解决问题。

很久以前，有个小男孩脾气暴躁、冲动易怒，因而很多人都不喜欢他。为了帮助小男孩改变容易愤怒的坏习惯，小男孩的父亲买了很多钉子交给小男孩，并且叮嘱他每次生气的时候，就拿出一颗钉子钉在后院中的木栅栏上。第一天，小男孩就拿出30多颗钉子钉在木栅栏上，这意味着他一天之中生了30多次气，发了30多次脾气。

看着木栅栏上触目惊心的、密密麻麻的钉子，小男孩这才意识到自己愤怒的次数实在太多了。为此，他渐渐学会控制自己的愤怒，每天钉在木栅栏上的钉子，都比前一天更少一些。几个星期之后，他钉在木栅栏上的钉子越来越少了。而且，他发现和朝着木栅栏钉钉子相比，控制自己的怒气显得更容易一些。最终，小男孩再也不随便乱发脾气了。看到小男孩的转变，父亲语重心长地说："从现在开始，假如你能够在整整一天的时间里坚持不发脾气，那么你就从栅栏上拔掉一颗钉子。"经过漫长的努力之后，小男孩才把所有钉子都从木栅栏上拔掉。然后，父亲感慨地对他说："儿子，你如今表现得越来越好。不过，你看看那些木栅栏上的钉子孔，触目惊心，这些木栅栏再也恢复不到以前的样子了。其实每次你向别人发脾气，都会在别人的心里留下疤痕。无论你后来脾气是否变好，这些疤痕都会存在。这就像是用刀子刺向他人的身体会留下伤疤一样，不管时间过去多久，伤疤都会存在。”

这个愤怒的小男孩，终于在父亲的帮助下改掉了自己的坏脾气，木栅栏上那些触目惊心的伤痕，也会时刻提醒他控制好自己的怒气，远离怒气。父亲的话说得很对，每一次愤怒，都会伤害那些深爱我们的人。因此朋友们，我们必须控制自身的怒气，从而才能最大限度调整自己的心态，让自己做到幸福快乐地生活。记住，愤怒是魔鬼，除了使事情变得更加糟糕之外，根本没有任何用处。

第08章

最好的自己，需要自己去创造

这个世界决定成败的不是价值的高低，而是每天都要做最好的自己。成功的标准不是单一的，每个人都有属于自己的舞台，只要竭尽全力地扮演好自己的角色，将自我价值发挥到极致，不管是闪耀的，还是普通的，那都是一个成功者。

努力，遇见最好的自己

现代社会，生活节奏越来越快，工作压力越来越大，很多人除了努力拼搏之外，没有其他的选择。的确，唯有努力拼搏，唯有拼尽全力地去创造，我们才能改变命运，拥有美好的未来。

当努力成为口号，很多人都迷惘了。他们不知道自己日复一日地努力到底是为了什么。其实，努力的目的很简单，那就是遇见最好的自己。估计没有几个人能够大言不惭地说自己生而完美吧。造物主是公平的，一个人不可能在刚刚出生的时候就完美无比，大多数情况下，每个人都有自己天生的优势，也会有天生的劣势。在成长的过程中，我们不断修正和调整自已，最终才能变得趋于完美。当然，如果你总是自暴自弃、放任自流，那么你也许会变得越来越不完美。总而言之，你发展的方向完全取决于你的努力，而并非是由上天安排的。

对于未来，我们总是有着最美好的憧憬。我们希望自己变得非常优秀，不但能力超强，也才貌双全。然而，这一切要想实现，都必须依靠努力。为了遇见最好的自己，也为了拥有最完美的人生，我们只得努力。或许有人对此不以为然，说自己家庭穷困，生计都难以维持，怎么可能改变呢？其实不然，就算你被埋没，也应该为自己的成长铺设道路。很多优势并非天生的而是后天养成的。只要我们处处留心、有心，就能够取长补短，把自己的人生经营得越来越好。从现在开始，就让我们发现自己吧。只有你发现自己、充分发掘自己、你才能干劲十足，为了争取远大前途而不懈努力。

人生在世，要把命运把握在自己的手中，才有可能活出精彩。就像事例中的上帝一样，在造人的时候提前就想到了把决定命运的一半权利交给孩子们，恰恰就是为了让他的每一个子民都能通过努力，改变自己，改变命运。一分耕耘，一分收获的道理人人都懂，但是仍然有很多人期望天上掉馅饼，期望不劳而获。殊不知，天上是不会掉馅饼的，任何人都不可能不劳而获。我们只有在行动之中不断地提升自己，才有可能最终获得进步。

面对不完美的自己，不要着急，更不要放弃。优秀的人并不是生而优秀，而是非常努力地感悟自己、改变自己、完善自己，才实现最终的优秀的。所谓金无足赤，人无完人，我们必须非常努力，才能遇见最好的自己。

定期给自己内心清零

如果你在一个杯子里装满石块，你会误以为杯子已经满了；当你抓起细沙撒入杯子，你会发现杯子没有满，因为杯子里还能容纳很多细沙；当杯子里装满了细沙，你又误以为杯子满了，实际上杯子还没有满，因为你还可以向杯子里倒入很多水……一个杯子的容纳都是如此的强大，更何况我们的心灵呢？曾经有心理学家经过研究发现，人的潜力是无穷的。的确，人具有无穷的潜力，也具有无穷的能力，而且人心和杯子一样，也具有无穷的容量。对于爱学习的人而言，人的一生必须不断学习、不断成长、不断进步。在这个世界上，也许有很多人都喜欢吹牛皮，夸大其词，但是没有任何人敢说自己什么都懂，更不敢说自己是最成功的。

既然我们认可自己并非无所不能、无所不知，那么我们就要具有空杯心态，始终把自己当成一个空杯子，尽量学习更多的知识，让自己的内涵变得更加丰富。不过，现实生活中，有很多人有了小小的成就，就会自夸自大，夸夸其词，甚至觉得自己不管什么情况下，都会无所不能、无所不知。殊不知，山外有山，人外有人，天外还有天呢，更何况是小小的我们。一旦牛皮吹破了，导致自己尴尬和难堪，那就怪不得别人了。要想保证自己不丢脸，谦虚谨慎、时刻保持“空杯心态”是很有必要的。整个世界都在不断地发展和进步，我们唯有与时俱进，才能不断更新自己，让自己跟上时代的脚步。

古人云，逆水行舟，不进则退。现实情况恰恰如此。不管是在生活还是在工作中，我们都要保持进步的姿态，才能顺应形势向前发展。否则，我们就会被时代的洪流甩下，无可奈何地退步。细心的朋友们会发现，那些出类拔萃的人之所以获得成功，之所以让自己的人生与众不同，就是因为他们在一生之中从未停止过前进的脚步。他们为何能够做到这一点呢？就是因为他们始终怀有空杯心态，始终对自己“心怀不满”，所以才能始终督促和鞭策自己不断进步、奋勇向前。

曾经，有个颇有造诣的年轻人去深山古刹中拜访一位老禅师。原本，他是想向老禅师求教，但是当看到老禅师貌不惊人的样子后，他不由得对老禅师心生不敬，暗暗想到：“老禅师名声在外，但是看起来貌不惊人，估计造诣未必有我高吧。我不相信，在这人迹罕至的深山古刹中，真的会有世外高人呢！”老禅师却与年轻人恰恰相反，他对年轻人毕恭毕敬，而且还亲自为年轻人倒茶。这下子，年轻人更加扬扬自得。不想，老禅师已经倒满了年轻人眼前的杯子，却还在倾斜着茶壶，不停地往杯子里倒水。年轻人误以为老禅师走神了，因而赶紧提醒老禅师：“大师，杯子已经满了，您为何还往杯子里倒水啊！”老禅师这才高深莫测地说：“的确，杯子已经满了，为何还要往杯子里倒水呢？”年轻人听出了老禅师的话外之音，不由得羞愧得满脸通红。的确，既然自己自以为是，为何还来向老禅师求教呢！想到这里，年轻人赶紧叩谢老禅师，继续回家修行去了。

对于一杯已经真正满了的杯子，无论如何，我们也无法在其中装入更多的东西。幸好，我们的心不是真的杯子，因而我们可以自己思考我们是空杯，还是满杯。要想保持学习的状态，时刻学习，我们就必须把内心深处的杯子倒空，这样我们才能继续努力学习，拥有好的心态。

当然，杯子只是一种载体。为了让杯子更好地发挥容纳功能，我们首先要进行自省。古人云，吾日三省吾身，假如我们不善于自省，就会导致对自己缺乏明智理性的认识，从而导致我们不知天高地厚，盲目自以为是。因而，我们要认清楚自己，也要清楚自己的分量。其次，我们还要知道自己需要的是什么知识。毋庸置疑，每个杯子都有自身独特的容纳功能，假如我们一味地学习，学到的却是无关紧要也根本派不上用场的知识，那么我们的学习就是毫无意义的，反而会变成一种负累。凡事都要讲究针对性，我们作为空杯子，在容纳世界时，也要有目标。总而言之，人也不可能自动地与时俱进，我们必须保持良好的学习习惯，才能顺应形势，充实自我。

提升自我，增强自己的价值

很多人之所以努力，是为了让自己享受成功的荣耀。其实，成功并没有那么容易获得，除了需要我们加倍努力之外，还取决于天时地利人和，由此可见，成功是诸多因素综合作用的结果，我们的努力只是尽人事而已。那么，既然努力也不能保证我们获得成功，努力还有什么意义呢？努力最直接的成果就是，它帮助此时此刻的我们更有价值。

虽然听到价值二字，很多人都会将其与利用、阴谋联系起来，但是在现代社会，价值俨然已经成为一个人存在意义的衡量。一个人如果没有价值，不但朋友会远离他，同事会唾弃他，就连爱人和亲人也会低看他一眼。

战国时期著名的纵横家苏秦，在成名之前，一事无成，不但妻子瞧不起他，父母也都看不上他。有一次，苏秦的父亲过大寿，苏秦的哥哥举着酒杯给父亲祝寿，父亲喜笑颜开，说酒特别甜。但是等到苏秦去祝寿时，父亲却说苏秦的酒又酸又臭。苏秦无奈，只好向哥哥借了一杯酒端给父亲祝寿，父亲依然觉得酸臭，即使苏秦告诉父亲酒是从大哥处借来的。父亲毫不留情地说："你这混账玩意儿，好酒到你手里也臭了。"还有一次，苏秦游历各国无为而归，穷困潦倒，正在织布的妻子看到他居然无动于衷，就连嫂子也不愿意为他做饭。为此，苏秦受到刺激，自此发奋苦读，最终功成名就。此后苏秦再回家，全家人都对他毕恭毕敬，惹得他不胜感慨。

虽然苏秦的父母哥嫂和妻子，都有些势利，但是苏秦的经历无疑为我们揭示了一个深刻的道理：如果一个人在至亲至爱的人眼里都需要依靠价值来提升自己的地位，那么在外人眼中，倘若失去价值，又如何立足呢！由此可见，价值是决定我们地位的根本因素，也是我们立足社会的最重要的资本。

当你感到自己可以选择的空间太小时，当你觉得自己不管做什么事情都陷入被动时，不如反思自己到底有多大的价值。可以负责任地说，如果你把抱怨命运不公、他人势利的时间像苏秦一样用于提升自我，增强自己的价值，那么你的命运一定会发生巨大的转折。

如今正在读大四的李娜，每天都和大多数同学一样，一边准备毕业论文，一边四处找工作。然而，李娜总是处处碰壁，奔波了好几个月，也没有找到合心意的工作。和李娜不同的是，她的好朋友杜鹃找工作的过程很顺利，虽然她们所学的专业是冷门，不容易找到满意的工作，但是杜鹃在学校里就多才多艺，因而很顺利地就找到了好几个意向单位，就等着毕业之前做出选择呢！

看到自己为了工作而发愁，但是杜鹃却有好几个单位抢着想要，李娜忿忿地说："这个世界真是不公平，要是把你的机会匀给我一个就好了。"杜鹃笑着说："这可真匀不了。其实我找的这几家单位也并非都是冲着专业的，有一家单位看上我文笔好，想让我兼职撰写文稿。还有一家单位觉得我会开车，因为他们经常需要开车去合作单位，这样工作就会方便很多。还有一家单位……"李娜懊悔地说："哎，看来你的付出都有了回报。之前我天天四处玩耍，你却到处上课。如今，你的路真宽啊，而且条条大路通罗马。"

在这个事例中，杜鹃是一个非常勤学的女孩。她没有像李娜一样把大学的宝贵时间用于玩耍游乐，而是利用点滴时间充实自己，让自己多掌握一项技能。果然，功夫不负有心人。在李娜因为找工作焦头烂额的时候，杜鹃却轻而易举地就找到了好几个意向单位，可以从容地与意向单位之间进行双向选择。不得不说，是杜鹃的勤奋和努力，让她有了宽阔的人生之路。

任何付出，都不会是毫无收获的。你的努力也许看起来还没有太明显的作用，但是却极大地提升了你的价值。在需要的时候，这些价值会使你大放异彩。当然，需要注意的是，努力并不是盲目的。盲目的努力除了浪费我们宝贵的时间和精力之外，往往都是白费。因而，在努力之前，我们首先要有规划，要明确自己的方向，这样才能在提升自身价值方面起到事半功倍的效果。

点滴积累，终将超越平凡

什么是成功，从本质上来说，成功就是重复做那些简单的事情，并且做好。简而言之，就是简单的事情重复做，从而每天都比昨天进步一些。古人云，不积跬步，无以至千里。当我们坚持每天都有一点点进步，日久天长，我们必然取得更大的进步。与此同时，每天都比昨天进步一些，比较的对象是今天的我们和昨天的我们。这就告诉我们在人生路上要和自己比较，而不要盲目和别人比较。因为和别人比较，我们很容易陷入虚荣心的陷阱，并且使自己心理失衡，变得非常被动。而和自己比较，每天都见证自己点点滴滴的进步，这样的我们对于人生才更有信心，也能够鼓起勇气不断向前。

在科学界，很多人都知道量变引起质变的道理。这个道理告诉我们，任何质变都不是突然发生的，而是在量的积累下，循序渐进，最终引起质变。对于人生的成长和进步而言，同样遵循这个规律，即每天进步一点点，哪怕只是比昨天进步一小步，假以时日，也会进步一大步。

大学期间，张薇学习的是热门的英语。但是敏感的她意识到未来社会的发展，绝不会只与说英语的国家进行贸易，肯定也会有机会和其他国家合作。为此在选择第二外语的时候，她选择了韩语。很多人都不理解张薇为何学习韩语，而不是学习法语或者德语。毕竟法语或者德语更热门。但是张薇心中有数，因而对于他人的否定只是笑一笑，并不做反驳。

大学毕业后，学习英语的人实在太多，所以张薇的第一外语英语并不很受欢迎。找工作时，她偶然看到有家公司招聘懂得韩语的人，所以赶紧去应聘。结果，张薇得到了一份很好的工作，还经常有机会去韩国出差，吃烤肉，也给亲戚朋友带回来各种各样的化妆品。当然，张薇没有因此而沾沾自喜，而是开始每天都坚持学习商务韩语。她很清楚，就业形势越来越严峻，靠着在学校里学到的这点韩语，她无法坚持走得很远。果不其然，一年多过去，公司突然被韩国公司吞并，老总上任第一天就在内部招聘懂得商务韩语的人，以便加强与韩国总公司的合作。毫无疑问，每天进步一点点的张薇，一下子大显身手，她流利的商务韩语，简直让同事们都震惊了。所以对于张薇成为驻韩国主办的事情，大家全都心服口服，没有任何人提出异议。

原本，张薇只是把韩语作为自己的第二外语，进行了简单学习。没想到，所谓的热门英语未必能一直热下去，而所谓的冷门外语在适当的情况下也会转化，成为抢手的外语。正是在这样的情况下，张薇如愿以偿找到心仪的工作。当然，她并没有因此满足，而是开始学习商务韩语。随着每天一点点的进步，张薇对商务韩语越来越熟悉，最终在公司需要的时候一马当先，理所当然升职加薪，个人职业生涯也取得了质的飞跃。

其实，每天比昨天进步一点点，对于每个人而言都不是太难以实现的要求。毕竟我们比较的对象是昨天的自己，而不是过于优秀的人。这样小小的进步，是我们努力够一够，就能实现的，又因为只有小小的压力，所以使我们很愿意实现。在漫长的人生旅途中，每天进步一点点，我们最终会接近人生的目标，在踏实走好人生每一步的基础上，最终走出人生圆满的轨迹。

每天进步一点点，既不是好高骛远的梦想，也不是不可实现的未来，而是我们尽可把握的现在。只要愿意，我们完全可以做到每天进步一点点，这种一切尽在把握之中的感觉，会使我们对于人生有更多的可控性，只要我们坚持不懈每天都完成进步的目标，成功也就是指日可待的。实际上，我们羡慕的成功者未必比我们更聪明，而只是因为他们一直坚持每天进步一点点，每天比别人都多进步一点点。

凡事都要从基础做起

我们身边有很多这样的人，好高骛远，不切实际地追求过高或过远的目标，其结果却是一事无成。好高骛远者往往总盯着很远的目标，大事做不来，小事又不做，最终空怀奇想，落空而归。其实，我们应该明白这个道理，如果连基本的都做不好，怎么去实现那些大目标呢？秦牧在《画蛋·练功》文中讲道："必须打好基础，才能建造房子，这道理很浅显。但好高骛远，贪走捷径的心理，却常常妨碍人们去认识这最普通的道理。"多少人在追寻成功的道路上因为不懂得基础的重要性而迷失了自己最终一败涂地啊！所以说，我们必须打好基础，根基稳定牢固了，才能拥有更好、更辉煌的人生。

想要学好一门本领提升自己的能力，必须要有良好的基础，如果不懂得下苦功夫，那么基础就不会牢固，如果基础不牢固，那么不管学什么都是泛而不精。学习射箭必须先练眼力，基础的动作扎实了，应用就可以千变万化。其实我们的学习、工作和生活何尝不是这个道理呢？实现自己梦想的过程就好比是建房子，如果只想往上砌砖，而忘记打牢基础，总有一天房子会倒塌。

不断“修筑”自己，才能扬帆启航

永远对未来充满憧憬，才能以更好的心态去面对未来，然后用这种满怀希望的心态做事，才能取得更大的成就。

优秀的人永远把现在的成就看作是一个新的起点，现在的成功只是万里长征中的第一步；而普通人取得一点成就，就扬扬得意，满足于现状。所以，优秀者一步一步从优秀走向卓越，而普通人故步自封，往往坐吃山空。被无知蒙蔽双眼、绊倒自己，其中的可悲与悔恨想必每个人都曾有过。

根据美国一些科学家的观察与测试，发现人赤脚走过炭火堆不需要用跑，只要步行的速度足够快，便不容易灼伤脚底。因为每当脚掌在接触火炭的瞬间，便会立即释放出汗水，形成一层绝缘体，在那层汗膜尚未蒸发前提起脚掌，汗水便吸收先前的热量而化为蒸气消逝，因而脚掌丝毫不会受到损伤。

由于大多数人不了解人体的神奇机能，以无知来接触那些自己视为可怕的遭遇，便容易陷入畏缩不前的状态中。当那些研讨会的学员在咬紧牙关平安走过火堆后，他们整个观念会有很大的改变，因为原先认为做不到的事情，竟然轻易可以实现，而且毫发无损。原来，任何限制都是从自己的内心开始的。

在这个世界上，有两种人很可能一生一事无成：一种是自甘堕落、无所追求的人；一种是那些轻易就觉得满足，不思进取的人。对于大多数受过高等教育的年轻人而言，理想教育在他们心底早已根深蒂固，教育专家们所担心的不再是个人的盲目、无知，而是要考虑怎么帮助他们树立可行的、实际的目标和理想。

在艺术界，毕加索的大名无人不知。这位西班牙著名的画家，活了91岁。而在90岁高龄时，当他拿起画笔开始创作一幅新画的时候，对眼前的事物仍然好像是第一次看到的一样。年轻人总喜欢探索新鲜事物，探索解决新问题的方法，他们朝气蓬勃，热衷于试验，从不安于现状；老年人总是怕变化，他们知道自己什么最拿手，宁愿把过去的成功之道如法炮制，也不愿冒失败的风险。可毕加索不是普通人，当他90岁时，仍然像年轻人一样生活着，不安于现状，寻求新思路和新的表现手法，所以他成了20世纪最负盛名的画家之一。

毕加索生前体验了从穷困潦倒到荣华富贵的转变，其艺术作品也经历了从无人问津到被人高度赞赏两种境遇。这正是他永远把现在的成就看作是成功的一小步，满怀希望地憧憬着下一次的成功，永不满足、不懈追求的结果。

“球王”贝利在足坛上初露锋芒时，有个记者曾问他：“你觉得，自己哪个球踢得最好?”他回答说：“下一个!”当贝利在世界足坛上大红大紫、踢进1000个球之后，记者又问他同样的问题，而他仍然回答：“下一个!”在事业上有所建树的人都同贝利一样，有着永不满足、不断进取的精神。

因此，我们说，这一代的年轻人，如果了此一生时仍无所作为，那他多半属于容易满足的人。古人云：路漫漫其修远兮，吾将上下而求索。这是对知识、对自我的一种永不满足，也只有这样的人，才能最终成功。

认识自己、把握自己，从而不断地“修筑”自己，你的事业才能尽快扬帆启航。在远行的途中，任何光彩夺目的成就都只是迈向事业成功的一小步。只有不满足，才能认识到自己在成功的道路上只走了一小步；只有不满足，才会懂得不断地提高和完善自己；只有不满足，才会渴求下一次更大的成功。

第 09 章

学会放下，别让怨恨阻碍你前行的脚步

学会放下，别让怨恨阻碍你前行的脚步。当我们无法忘记心中的怨恨，总是心存执念，最终受伤害的不仅仅是对方，还有自己。学会消除内心的怨与恨，才能更好地给自己的心灵美容。任何时候，宽容都要比斤斤计较更能让自己大受裨益。

成功的人生应善于宽容

前文我们曾经说过，生气是用别人的错误惩罚自己。其实，仇恨也是如此。当我们因为别人的错误而陷入仇恨的囚牢时，我们用仇恨自己，使得自己寝食难安，再也无法快乐地生活。如此一来，我们还没有用仇恨报复他人，首先就以仇恨打倒了自己。从这个意义上来说，我们在帮助敌人用仇恨打倒自己，岂不是很令人费解吗？也许有些朋友们会说，我们才没有那么傻呢，用别人的错误惩罚自己，再用对别人的仇恨来禁锢自己。的确，如果把若干选择放在桌面上，没有人会对自己的仇人这么好，更不会帮助仇人打倒自己。然而，仇恨的确如此，仇恨使人失去理智，伤害自己，也最终帮助仇人打倒自己。

那么，我们到底应该如何面对仇恨，不让自己再被仇恨禁锢呢？最好的方法就是以德报怨。越是对于自己的仇人，我们越是应该变得宽容。唯有如此，我们才能原谅敌人，也才能彻底忘记敌人曾经带给我们的仇恨，甚至完全忘记我们应该仇视他们。如此一来，虽然我们的报复行动也许遥遥无期，但是我们却能够真正忘记仇恨。我们不但不再向他人寻仇，也真正释放了自己。我们无须再牢记仇恨，而是可以尽情地享受生活。我们也不会再因为仇恨怒火中烧，我们更多地看到生活中的真善美，从而对整个世界都充满信心。所以朋友们，从这一刻开始不要再仇恨任何人，也不要因为仇恨任何人，让自己寝食难安。要知道，对于敌人而言，我们的快乐才是他们最大的痛苦，所以我们要杜绝愁眉苦脸的模样，而是要更加全身投入地拥抱和享受生活。

对于一个自私的甚至向着自己开枪的战友，那个肩膀中弹的年轻人尽管在第一时间就洞察真相，但是他却选择了原谅。他有着设身处地为他人着想的精神，也很理解战友之所以向他开枪，根本不是因为贪生怕死，而是因为他还惦念着自己年迈的父母。为此，他一直都在原谅他，也并未因此耿耿于怀。试想，假如这个侥幸活下来的年轻人对战友无比憎恨，甚至为此与战友反目成仇，那么结果又将会如何呢？他还是要受伤，还是要经历之前经历的一切。

一个人也许能够容忍他人的很多恶习，但是一听到他人的诬陷和恶意诽谤，就会感到非常伤心难过。在这种情况下，他或者自暴自弃，变得真正如同他人所形容的那样；或者据理力争，把他人的一切不好都陈述出来，而且不停地炫耀着自己的优点和长处。无论怎样，都无法使他的内心获得宁静。对于一切的憎恨和伤害，我们要想真正恢复心平气和，就要努力变得宽容。当我们真的能够原谅自己的仇人，我们的心也就真的放下了。

感恩生活，才能真正懂得人生

记得歌手欧阳菲菲在《感恩的心》中唱道，我来自偶然，像一颗尘土，有谁知道我的脆弱……的确，每个人都来自偶然，是几十万分之一的概率，这个世界上才诞生了你，诞生了我。生命的形成如此神奇，你还会亵渎生命、放弃生命吗？每一个人都应该尊重自己的生命，因为人世间的一切之中，最伟大的就是生命。

当然，生命的意义绝不仅仅在于活着。就像是一个圆少了一部分一样，我们必须缓缓地行走，用心地寻找，才能在生活途中获得更多的成长和收获。每个人的成长过程都是漫长的，在这漫长的人生中，我们渐渐成长，越来越成熟，这一切都得益于我们曾经遭受的苦难。对于每个人而言，他们的心中一定有一个无比憎恨的人，甚至正是因为这个人，他们才遭遇了许多灾难，也才因为无力承担苦难，而陷入更深的绝望之中。举个简单的例子，当一个人用语言攻击你的时候，你还能够保持镇定吗？答案当然是否定的，几乎每个人心中都会被激起涟漪，没有人愿意无缘无故地被骂。然而，冲动是魔鬼。尤其是当人在极度冲动、智商降低时，我们更不应该冲动行事。大名鼎鼎的科学家爱因斯坦，都觉得自己99%是错误的，更何况我们作为普通人呢？所以，不要纠结，不要犹豫，感谢那些曾经给你带来苦难的人吧，你的成长、成熟，正是因为有他们的存在，才变得如此顺遂、迅速。

大学毕业后，刘倩进入一所村小学当老师。和刘倩一起进入学校的，还有一名中专生安淑芬，她毕业于县城里的教师进修学校。当时，只要交钱，就能进入教师进修学校，毕业也很容易。安淑芬的爸爸和刘倩的爸爸是同学，曾经还坑骗过刘倩爸爸的钱。

在去报道之前，安淑芬的爸爸妈妈就已经给校长送过礼了，所以校长给安淑芬安排了很好的班级，刘倩在毫无经验的情况下，被安排到全校最差的班级。毫无疑问，刘倩在学校里受到了排挤，她作为正规院校毕业的大学生，觉得受到了很大的委屈。在毕业从教3年后，刘倩实在无法忍受，一气之下辞掉工作，背起行囊，去了遥远的上海。

一个小姑娘独自一人去上海闯荡，爸爸妈妈当然不放心。但是看到刘倩在学校工作得很不快乐，他们也就默许了。刘倩孤身一人到了上海，发誓一定要混出个样子来，才能回到家乡。在5年的时间里，她从最基本的工作开始做起，坚持不懈，持之以恒，最终为自己在上海赢得了一席之地。后来，她认识了自己现在的丈夫马玉，与马玉组建了家庭，并且在上海安家落户。

转眼之间，从辞职到现在已经10年了，刘倩变得和以前截然不同。她不但是大公司的高级白领，而且成为中层管理人员，也成为了真正的上海新移民。回忆起毕业之后3年的经历，刘倩感慨地说：“如果不是与安淑芬狭路相逢，如果不是那个校长刻意排挤，也许我至今依然在家乡从事教学的工作！”

在这个事例中，刘倩之所以下定决心离开家乡，就是因为那些人曾经给她带来困难，使她感到委屈。看看今日的自己，刘倩发自内心地感谢那些曾经使她不愉快的人，毕竟没有他们，就没有刘倩的今天。

每个人在人生路上都踯躅前行，有些人因为苦难变得软弱，有些人却越挫越勇，在苦难中绚烂绽放。尤其是在遇到让自己倍感痛苦的人时，我们可以选择一时的避让，却要努力使自己变得强大，才能在对方面前昂首挺胸。正如人们常说的，看一个人的实力，看他的对手。那么，就让我们努力提升自我，让自己不屑于与没落的对手为敌。

学会原谅，别活在过往的阴影中

人类是感情动物，因而感情充沛，当然也很容易感情冲动。爱与恨都是非常强烈且极端的感情，如果驾驭不好这两种感情，人们很容易做出冲动的举动，伤害别人，也伤害自己。过度的爱使人产生强烈的占有欲望，无法摆脱内心的拘束，而且也会给被爱的人造成困扰。一旦相爱的人反目成仇，也会导致由爱转化为更强烈甚至极端的恨，使人在冲动愤怒的情况下伤害别人，也伤害自己。那么，我们到底应该如何面对爱与恨，才能更加坦然从容地把握和应对人生呢？

一位智者曾经说过，对于伤害自己的人要学会原谅，不要让自己活在对他人的仇恨之中，而且要让自己成为不容易被伤害的人。的确，很多时候我们之所以陷入仇恨之中，未必是因为他人对我们的伤害多么不可原谅，更多的时候，是我们没有学会宽容和原谅他人。我们唯有不揪住他人的错误不放，主动走出伤害的旋涡，才能逃离人际之间的是是非非，从而心怀广阔。有的时候伤害很小，但是因为我们不愿意原谅和宽容，所以导致我们始终活在伤害之中，无法自拔，这何尝不是用别人的错误惩罚自己，而且使自己更加严厉地被惩罚呢？所以朋友们，不要抱怨生活中有太多可恨的人，而要学着让自己变得宽容，让自己不再那么斤斤计较地面对生活、面对他人。

为人处世，胸怀一定要开阔。人生的道路漫长而又艰辛，每个人的人生之路都是不同的，人与人的脾气秉性也是不同的，所以我们在为人处世的过程中，一定要努力做到宽容、谅解，更要学会遗忘。我们要在心中准备两个不同的记事簿，一个是坚硬的岩石，用以刻下他人对我们的好意，一个是松软的沙滩，用以遗忘他人有意或者无意间对我们的伤害。这样不但是宽容别人，也是释放我们自己。人，唯有变得从容豁达、宽容大度，人生才会拥有更多的快乐，减少无谓的烦恼和忧愁。

努力在不公平的人生中找均衡

现代社会，人人都讲求公平公正，殊不知，这个世界上并没有绝对的公平。很多时候，看似公平背后是不公平，我们也许维护了自己的公平，却因此而对他人不公平。所以说，公平只是相对的。而当我们遭到不公平的对待，唯一的办法就是努力奋斗，从而提升和完善自我，以实力为自己代言。这样，我们才能为自己争取到公平。

生活中，我们经常抱怨自己遭遇到的各种不公平待遇，也经常听到他人抱怨那些不公平的事情，诸如工资比别人低，职位还没有比自己后进公司的人高，或者觉得自身条件很好却没有找到有钱的老公，等等。总而言之，一切与我们生活相关的事情，都可以被我们作为不公平的现象来抱怨。但是公司之所以采取私密薪酬制，就是为了根据每个员工的表现来给出相应的回报，本意是为了维护公平，所以才没有一刀切给所有员工都发同样的薪水；公司里的晋升制度也并非看谁进入公司的时间长，就让谁晋升，而是要看员工的能力，按照员工的实际水平进行提拔，所以别说比你晚去公司的人比你职位高，有的公司还会空降副总。实际上，每一种看似不公平的境遇背后，都能从自己身上找到原因。忙着抱怨的人根本不想找到原因，而只想发发牢骚了事，而理智的人更多地反省自己，从而努力提升和完善自我，主动为自己争取到公平的待遇。可以说，越是面对不公平的待遇，抱怨和牢骚反而是没有任何好处的，唯有当机立断，让自己更加努力，才有可能为自己争取到更高的地位，也为自己真正赢得他人的认可和尊重。

实际上，是否公平完全是人们心理上的感受。有的时候哪怕别人自以为做得公平，我们也会觉得愤愤不平。有的时候哪怕别人做得不够公平，但是只要我们心理上获得平衡，也能够让自己沾沾自喜、安然自乐。所以，我们每个人都要摆正心态，不要为是否公平而劳神。有时间去介意是否公平，不如把宝贵的时间和精力用于提升自我上。唯有用实力为自己代言，不断提升自己，我们才能成为真正的精英，也才有话语权为自己发声。

先学会放下，才能不断向上

我们都知道，执着是一种良好的品质，是认准了一个目标不再犹豫，坚持去执行，无论在前进中会遇到什么障碍，都决不后退，努力再努力，直至目标实现。历来，执着都被人公认为一种美德，但是，过分执着就变成了固执，这是一种弊病。固执的人之所以固执，是因为他们对于自己要做的事心存执念，他们认准了目标后便不再回头，撞了南墙也不改变初衷，直至精疲力竭。

要想重新审视自己的行为，你就必须放下那些无谓的执念。只有先学会放下，我们才能不断向上。

俗话说，拿得起，放得下；反过来理解放得下的人，才能拿得起；该扔的扔，有些无谓的坚持是没有任何意义的。放下既是一种理性的决策，也是一种豁达的心胸。当你学会了放下，你就会觉得，你的人生之路宽广了很多。

人的一生，不可能什么都得到，相反，有太多的东西需要我们放弃。爱情中，强扭的瓜不甜，放手也是一种爱；生意场上，放下对利益的无止境地掠夺，得到的是坦然和安心；在仕途中，放弃对权力的追逐，随遇而安，获得的是淡泊与宁静。

古人云："无欲则刚。"真正的放下，才是一种大智慧、一种境界。因为不属于我们的东西实在太多了，只有学会放弃，才能给心灵一个松绑的机会。表面上看，放下了就意味着失去，所以是痛苦的，但如果你什么都想要，什么都不想放下，那么，最终你什么都得不到。人生苦短，无非几十年，有所得也就必有所失。只有我们学会了放弃，我们才会成熟，才会活得坦然、充实和轻松。

从前，有甲、乙两个人，他们生活得十分窘迫，但两人关系却很要好，经常一起上山砍柴。

这天，他们和以往一样上了山，走到半路，却发现了两大包棉花。这对于他们来说，可以说是一大笔意外之财，可供家人一个月衣食丰足。当下，两人各自背了一包棉花，赶路回家。

在回家的路上，甲眼前一亮，原来他发现了一大捆上好的棉布，甲告诉乙，这捆棉布可以换更多的钱，可以买到更多的粮食，应该换做背棉布。而乙却不这么认为，他说，棉花都已经背了这么久了，不能就这么放弃了，乙不听甲的话，甲只好自己背棉布回家。

他们又走了一段路，甲突然望见林中闪闪发光，走近一看，原来是几坛黄金，他高兴极了，心想这下全家的日子不用愁了，于是，他赶紧放下肩上的棉布，拿起一个粗棍子挑起黄金。而此时，乙仍是不愿丢下棉花，并且他还告诫甲，这可能是个陷阱，还是不要上当了。

乙不听甲的劝告，甲只好自己挑着黄金和乙一起赶路回家。走到山下时，天居然下起了瓢泼大雨，两人都湿透了。乙更是叫苦连天，因为他身上背的棉花吸足了雨水，变得异常沉重，乙不得已，只能丢下一路舍不得放弃的棉花，空着手和挑黄金的甲回家去。

故事中的这两位村民为什么在收获上会有如此的不同？很简单，因为背棉花的村民不懂变通，只凭一套哲学，便欲强渡人生所有的关卡。而另外一位村民则善于及时审视自己的行为。的确，在追求目标的路上，审慎地运用智慧，做最正确的判断，选择正确的方向。同时，别忘了随时检视自己选择的角度是否产生偏差，适时地进行调整，千万不能像背棉花的村民一般。时时留意自己执着的意念是否与成功的法则相抵触，追求成功，并非意味着必须全盘放弃自己的执着，去迁就成功。只需在意念上做合理的修正，使之契合成功者的经验及建议，即可走上成功的轻松之道。

其实，生活中的我们也应该想一想，我们是否也心怀执念而让自己钻入了死胡同。坚持多一点就变成了执着，执着再多一点就变成了固执。人应该执着，但不应该错误地坚持一种想法，有时候，你可能没意识到你坚持的想法是虚妄的。因此，我们应当学会放下，找到新的出路，重新审视自己的生活。

古人云：鱼和熊掌不能兼得。如果不是我们该拥有的，那么我们就得学会放下。人生注定要经历多姿多彩的风景，唯有放下才会拥有别致的风韵。过去常听人说，人要懂得放弃。放弃是对事物的完全释怀，是一种高妙的人生境界。而放下则更具有丝丝缕缕的难舍情怀，是一首悠扬的乐曲，在每个人的心底奏起。

总之，在我们的人生中，执着固然是可取的，但是某些执念必须放下，如那些已经板上钉钉儿的不可能实现的目标，你就必须果断地放弃；在现实世界中完全不能被应用的目标，你也必须理智地放弃；权衡利弊之下，得出的结论是完全没有实施的必要的目标，你也必须放下……

第 10 章

你还在犹豫是否能行，别人却早已在行动

生活中，应该养成及时行动的习惯。一件事情一旦决定下来，养成马上去做的习惯。做得如何是一回事，做不做是另外一回事。因为当你还在犹豫是否能行，别人却早已在行动。

不如在行动中思考

在这个残酷的社会中，要想更好地生存，就必须充满智慧。不管做任何事情，为了期许得到最好的结果，我们都必须经过慎重的思考，这样才能预先设想好方案，以便随时应对复杂多变的情况。然而，很多人都会走向另一个极端，即因为思考过度，最终没有及时展开行动，导致错过最佳的行动机会。由此可见，在思考之后行动，不如在行动中思考。

很多时候，生活就像是一个巨大的坑洞，我们往往走着走着，就会在不知不觉间掉入莫名其妙的艰难处境。如果你突然发现自己身边都是凶猛的野兽，又该如何是好呢？在这种情况下，必然没有人能够依然保持清醒理智，只会循着本能，做出最直接的反应。当情况危急，一味地思考非但不能帮助人们避免危险的境遇，反而会因为延误时机，导致情况更加糟糕。从另一个角度来说，强者是不需要延长那一点点思考的时间的。因为，对他们而言，在陷入艰难危险的处境之前，他们已经训练自己能够做出最迅速的反应。与此相反，如果是弱者，那么即便想得再多，在真正地身入险境时，也会因为盲目、惊讶等错失良机。因此，永远不要奢望思考得天衣无缝再行动，因为不管你再怎么思虑周全，事情也不可能按照你的心愿万无一失地发展。

真正的强者，并不需要准备专门的时间用于思考。相反，他们总是时刻保持着思考的习惯，也始终拥有行动的能力。即便情况千变万化，他们也能在危急之中找到最佳的办法，进行最迅速的反应，表现出超强的决断能力。危险总是不期而至，机会也总是不期而至。我们必须勇敢地接受每一个充满挑战的机会，才能抓住更多的人生机遇。

人到中年，李杜却因为职业发展遭到瓶颈，不得不开始准备跳槽。他思来想去，经过多方考察，最终进入一家新公司工作。毫无疑问，李杜是非常勤奋的，因为作为中年人的他很清楚换工作意味着什么。为此，他在新公司总是勤勤恳恳，不管有什么艰难的工作，都第一时间做到最好。当然，虽然他此前有丰富的工作经验，但是他很低调，从未因为自己经验丰富而做出任何张扬的事情。他总想着要好好打基础，等到时机成熟，再展示自己。

有一天，李杜刚刚进入电梯，就遇到了总经理。总经理看着李杜，说："有个项目有些复杂。我想，你也许愿意试一试？"李杜稍微犹豫了一下，就答应了："好的，没问题，我一定会全力以赴把项目做好的。"总经理笑着说："好吧，我晚些时候把项目的相关资料发给你。"

回到办公室，李杜把情况告诉了好同事兼好朋友李军。李军有些担忧地说："这个估计不太好办。你是不是什么时候得罪总经理了？他应该会把那个很棘手的项目交给你，那个项目其他的老员工都不太愿意接管。"后来，李杜接到项目资料，发现果然是个很棘手的项目。然而，此刻打退堂鼓显然已经来不及了，为此，他下定决心，排除万难，一定要把项目做好。后来，李杜调动此前积累的很多关系，把项目做得风生水起，从此，在总经理心目中留下了很好的印象。

毫无疑问，当李杜把这个艰难的项目做好，老总对于李杜的印象也就大大好转。以后，只要遇到好的工作机会，老总都会优先想到李杜的。这就是强者的魅力。也许换一个人，面对老总在电梯里偶尔交代的工作任务，肯定会表示拒绝，或者说一些谦虚的推辞的话。然而李杜没有，他很清楚这是一个机会，因此略加思忖就同意了，而且不遗余力地把项目做到了最好。

其实，不管是对于职场新人而言，还是对于职场老人而言，当你能够帮助老总救火，给老总解决当务之急，那么你一定能够充分表现自己的工作能力。也因为你的出色表现，你会如同坐上火箭一样扶摇直上地晋升。因而，当老总表现出需要的时候，千万不要再三琢磨。任何情况下，展现实力都比你杞人忧天来得更好。当然，这并非让大家鲁莽行事。很多强者之所以能够做到在行动中思考，是因为他们在平日里已经储备了丰富的相关经验，因而心中有所准备。

心动一万次，不如真正行动一次

在祝福他人的时候，我们总是张口就来“梦想成真”。的确，如果所有梦想都能如愿以偿地变成现实，那可真是让人高兴啊！然而，现实是很残酷的，即便我们每天都得到“梦想成真”的祝福，也难以改变我们的梦想总是搁浅的现实。梦想是人生的引航灯，有了梦想的指引，人们才能朝着未来大步阔进。相比较有梦想的人，没有梦想的人，人生总是缺少方向。如果我们总是犹豫不决，总是不能马上把梦想付诸实践，那么梦想就会变成空想。

梦想到现实，还有遥远的路要走。我们的梦想要想得以实现，首先应该为梦想制订严谨的规划，然后再排除万难，勇往直前。有些人虽然有梦想、有规划，但是却因为一遇到困难就退缩，最终导致距离梦想越来越遥远。但凡成功人士，一定是能够在梦想照进现实的路上，排除万难、勇往直前的。俗话说，心动不如行动。任何情况下，心动一万次，也不如脚踏实地地真正行动一次。任何看起来完美无比的梦想，哪怕落实到残缺的现实中，也比镜中花、水中月来得更好。

从机遇的角度说，任何好的机遇都是转瞬即逝的。为了抓住千载难逢的好机会，我们必须赶快采取行动。因为只有付诸实践才是金点子，否则一旦过时，就会成为不值钱的白日梦。我们必须牢牢记住，天上是不会掉馅饼的。只有当机立断展开行动，抓住千载难逢的好机会，才能给予一切梦想实现的途径。退一万步说，哪怕失败了，也能总结经验和教训，使我们距离梦想更近一些。总而言之，成功是没有任何捷径可走的。要想获得成功，我们就必须养成马上展开行动的好习惯，这样才能更加迅速地获取经验，踩着失败的阶梯勇往直前。

有一条小毛虫做了一个梦，在梦中，它攀登上高高的山顶，俯瞰着山底下的美景。因此，它一觉醒来，就开始往山顶爬去，它很想爬到山顶，看一看山顶的美景。蝗虫看到小毛虫，问："你这么着急，要去哪里啊？"小毛虫笑着说："我要去山顶看风景！"蝗虫惊讶极了，难以置信地说："你这样慢慢吞吞，猴年马月才能爬到山顶啊！而且，去山顶的路上不是草丛就是溪流，还有很多奇形怪状的石头。山，真的很高很高啊，你根本看不到顶。”小毛虫坚定不移地说：“但是，我只要从现在开始坚持不懈，一定能够爬到山顶，我相信。”

小毛虫爬啊爬啊，毫不气馁地蠕动着小小的身躯。它爬着爬着，又遇到了蜣螂，蜣螂好奇地问：“嘿，小家伙。你看你满头大汗的，准备去哪里啊?”小毛虫气喘吁吁，上气不接下气地说：“我梦到我去山顶看风景，我真的要去山顶看风景，那里的风景简直太美了！”蜣螂哈哈大笑，不屑一顾地说：“我这么强壮，都从来不像你这样自不力量，我劝你还是尽早放弃吧……”小毛虫自顾自地朝前爬去，丝毫不理会蜣螂无情的嘲讽。在往山顶爬的过程中，小毛虫接连遇到了青蛙、蜘蛛、蜜蜂、鼹鼠等。虽然没有任何动物觉得小毛虫真的能够实现梦想，但是小毛虫依然坚定不移地朝着山顶行进。终于，小毛虫感到筋疲力尽了，它不得不停下来休息。它为自己建造了一个遮风挡雨的家，蜷缩在家里呼呼大睡起来。正当闻讯赶来的小伙伴们都为小毛虫的离去悲痛不已时，它们却突然惊讶地发现，小毛虫改头换面，变成了一只美丽的蝴蝶。只见它扇动着美丽的翅膀，很快就飞到了山顶。

很久以前，有个年轻人穷困潦倒，食不果腹。走投无路的他，一边乞讨，一边每天晚上都虔诚地向上帝祈祷。有的时候，为了表示诚意，他还会特意带上祈祷文，去教堂里坐下来全心全意地祷告。

第一次走入教堂，年轻人就满怀热忱地跪在上帝的雕像前，诚心诚意地说：“万能的上帝啊。我一直以来都非常信奉你，也总是想尽办法地孝敬你。看在我虔诚的分上，请您保佑我中一次彩票吧，我真的是没法活了呀！”又一个星期，年轻人再次来到教堂祈祷。他依然满怀真诚地祈求上帝保佑他中彩票，并且许诺一旦中了彩票，就会募捐一部分给教会，用于供奉上帝。然而，一天又一天过去了，上帝依然毫无响应。终于有一天，饥寒交迫的年轻人站在上帝面前，说：“上帝啊，难道你始终对我的祈祷听若未闻吗？难道我不是您仁慈和爱之下忠诚的子民吗？为什么你怎么也不肯让我中一次彩票呢？这到底是为什么啊？”

年轻人话音刚落，上帝突然站在他的身边，气愤地说：“你凭什么抱怨我。我的确想让你中一次彩票，但是你连一次彩票都没有买过啊！”

在这两个故事中，第一个故事里的小毛虫，力量是非常薄弱的。但是它面对艰难坎坷，却从不气馁，而是坚持不懈地向想着山顶爬去，不达目的誓不罢休。直到因为劳累过度开始休息，化蛹成蝶，它最终实现了自己的梦想，看到了山顶一览无遗的世界。在第二个故事里，面对无所不能的上帝，毫无疑问年轻人的祈祷是非常真诚的。遗憾的是，他虽然日复一日地祈祷，却从未给过上帝任何机会实现他的梦想。就这样，年轻人很轻易地就失去了中彩票的机会，而且因为惹怒了上帝，他很有可能还将继续穷困潦倒下去。

实现梦想，远远不是想想就可以的。从梦想到现实，我们还有漫长的路要走，还需要付出更多的努力。当你把梦想变成规划，进而变成自己切实的行动，哪怕进步只有一点点，也必然是可喜的。当然，不可否认的是，实现梦想是一个艰苦卓绝的过程，很难一步到位，一蹴而就。但凡成功人士，在通往成功的路途中无一不经历了漫长的奋斗过程。就像美国总统林肯，在成为美国总统之前，他遭遇了无数坎坷和挫折，最终才能实现自己的人生梦想。再如大名鼎鼎的好莱坞明星史泰龙，也是在无数坎坷之后，才成为著名影星，打开了人生的新篇章。

很多老司机都知道，在红绿灯前，宁停三分，不抢一秒。然而，在人生的红绿灯前，面对千载难逢的机遇，我们恰恰相反，要宁抢一秒，不停三分。只有当机立断，毫不犹豫，才能抓住机遇，果断改变自己的命运。

不要瞻前顾后，错失良机

很多时候，成功与失败之间并不遥远。成功，也并非我们看上去那么遥不可及，失败，也并非我们所担忧的那样总是不期而至。其实，成功与失败之间最遥远的距离，就是是否展开行动。很多情况下，我们付出了很多心力，但是却没有切实地展开行动，最终成功会悄无声息地从我们的身边掠过，一去不返。而对于很多成功人士而言，他们最侃侃而谈的就是自己在面对成功的契机时，毫不犹豫地抓住成功的机会，从不曾有过片刻停顿。尽管行动未必一定能够带来好的结果，但是不行动就必然与成功的机会失之交臂。从这个角度来说，我们宁愿承担失败的风险，也不要与成功彻底绝缘。尤其是当你想要踩着失败的阶梯前进时，就更要努力展开行动，而不要瞻前顾后，错失良机。

如今，网络普及的地方，几乎没有人不知道比尔·盖茨。他出生于1955年，他的家乡位于美国西部的西雅图。早在11岁时，父母就把盖茨送到当地非常有名的私立学校——湖滨中学学习。那个时候，计算机刚刚开始兴起，湖滨中学为了帮助学生们掌握最新的计算机知识，特意花费巨额资金购置了一台计算机。盖茨好奇心很强，求知欲也非常旺盛，因而他很快就沉迷于计算机的世界。

1973年，成绩优异的盖茨被哈佛大学录取。在这所举世闻名的大学里，盖茨结识了很多在全世界范围内都顶级优秀的学生。当得知第一台个人电脑已经问世之后，盖茨心潮澎湃，意识到这是即将席卷全球的计算机浪潮。激动之余，他果断选择退学，与好朋友保罗一起成立公司。他很清楚地意识到，对于全世界而言，这个机会都是难得一遇的。1975年，盖茨成为真正的公司老总。这个时候，他与一起创业的朋友在计算机界名声在外。他们甚至凭借实力，得到机会为当时规模最大的计算机公司IBM提供语言程序。就这样，随着IBM公司推出的计算机问世和普及，盖茨创立的微软也成为行业领导者。时年，年仅26岁的盖茨举世闻名。

从盖茨成功的经历上，我们不难看出，任何成功都不是从天而降的。好运气的人之所以能够获得成功，就是因为他们能够毫不犹豫地抓住千载难逢的好机会，而且当机立断地展开行动。任何情况下，即使你的想法再好，创意再新颖，如果只是停留在空想阶段，也会一事无成。只有从梦想走向现实，哪怕只是迈出第一步，我们也距离成功走近了一大步。因而，年轻的朋友们，对任何事情，都马上展开行动吧。即使在行动中遭遇失败的挫折，也比在成功之前的无数幻想中徘徊更好！

奋力追逐，抓住时间去努力

在我们的生活中，总是有不少人慨叹生命短暂，梦想还来不及完成就老了，而这只不过是他们不愿为梦想付出行动的借口而已，古今中外，到晚年才开始追逐梦想并取得成就的人比比皆是，如在美国众人皆知的摩西奶奶。

摩西奶奶，她的人生真正开始于80岁，她真正提笔始于75岁，80岁那年在纽约举办了个人画展后，摩西奶奶的画便在绘画界引起轰动，她被认为是美国最多产的原始派画家之一，也是闻名全球的风俗画画家。

1961年12月13日，摩西奶奶在纽约的胡西克瀑布逝世，终年101岁。她的一生都未曾接受过正规的绘画教育，但她一直坚持着对生活的热爱、对美的追求，正因为如此，她到晚年才认识到自己在绘画艺术上的潜能，并爆发了惊人的艺术天分，在20多年的绘画生涯中，她共创作了1600幅作品，并且，她的每一副作品都成为热卖的对象。

对于摩西奶奶的成功，不少人进行了探索和研究，其中被公认的最有权威的Jane Kallir这样评价：“在成名之前，摩西奶奶一直是一位民间艺术家，但是，当她成为一位流行画家之后，她的作品的大众吸引力使得人们忽略了其艺术价值。”

摩西奶奶告诉每一个人，梦想不是易碎品，不需要轻拿轻放，而是需要我们奋力追逐，需要我们的付出和努力。

在摩西奶奶身上，我们看到，任何一个人，无论年岁几何，无论是富贵还是贫穷，只要他对生活向往和热爱，他就能让生命大放异彩。

很多人以摩西奶奶为人生的榜样，大概就是希望能在摩西奶奶身上看到未来的自己，即便年老色衰，依然有着积极向上的热情和年轻的心态，依然能步履轻盈地朝着自己想去的地方大步向前。这是我们理想的模样，是在我们的规划图中最期待的晚年。

的确，如果你留心一下周围形形色色的人，就会发现，那些少数活得快乐的人，并不是因为他们有很多钱，也不是因为他们有更好的房子、工作，他们只不过是能够真正地为实现梦想而努力，怀着最真诚的心去追求自己想要的东西。

真正的高手，是那些能够克服漫长拼搏的恐惧和枯燥，能够克服无情岁月的流逝和青春的发黄，一步步达成人生目标的人。对于任何一个人来说，无论你年岁几何，你的人生也才刚刚开始，只要你树立自己人生的目标，并为之努力，那么，就没有什么来不及。只要你立即行动、大胆地去实践，而不只是把它当成一个遥不可及的梦想，你就能实现，相反，如果你默默地将梦想藏在心底而不付诸行动的话，你只能感到莫大的遗憾。

高效执行力，改变现有处境

生活中，我们常常听到一些人抱怨，“哎！每天都在重复这些工作，真是浪费生命！”“为什么每次都让我去处理这些事情！”“什么时候才能给我涨点工资呢？”……他们对工作似乎有很多不满意，而实际上，你在抱怨不满时，应该做适当地反省。为什么自己会有这样那样的不满？是不是因为自己做得不够好？从这些方面来说，其实抱怨也可以作为一个加速器，加速自己的成功。只要你能够通过抱怨看到自己的缺点，你就会进步。

事实上，聪明人懂得通过抱怨来反省自己，接纳生活，让生活变得更美好。抱怨自己的人，看到自己的缺点，一定会更加努力。

同样，处于某种环境下的人们，当你因为抱怨环境太糟糕而一味地拖延的时候，为何不选择通过立即行动来改变自己呢？为何抱怨工作环境不好、薪水不高、老板不够和蔼呢？为何不反思自己是否做得已经到位、是否有着高效的执行力呢？

我们先来看下面一个故事。

在美国的一所小学里，有这样一个班级，这个班级的学生比较特别，他们一共有26个人，都是失足的孩子，他们有的进过少管所，有的吸过毒，总是让老师和家长失望透顶。

在这个班级成立后，一位叫菲拉的女老师接手了。在她给学生们上的第一节课上，她并没有如人们想象的那样整顿班级纪律，而是在黑板上给孩子们出了一道选择题。让孩子们根据自己的判断选出一位在后来能够造福于人类的人。她列出3个候选人：

A.笃信巫医：他有多年的吸烟史，嗜酒如命，还有两个情妇；

B.有正经工作，但却不珍惜：每天睡到中午才起床，钟爱酒精，每天都要喝1斤多的酒，还吸食过鸦片；

C.曾有过辉煌的历史：是国家的战斗英雄，不吸烟喝酒、坚持食素，从不违法。

结果大家都选择C。

菲拉公布答案，A是富兰克林·罗斯福，连续担任过四届美国总统；B是温斯顿·邱吉尔，英国历史上最著名的首相；C是阿道夫·希特勒，法西斯恶魔。

孩子们看呆了，不明白为什么结果会是这样，接下来，菲拉满怀激情地告诉大家："孩子们，一个人，无论他的过去是荣誉还是耻辱，那只能代表过去，最重要的是他的现在和将来，只要你们从现在开始决定做你们想成为的人并为之努力，你们就能成为了不起的人。"

菲拉的这番话，改变了这26个孩子一生的命运。其中，就有今天华尔街最年轻的基金经理人——罗伯特·哈里森！

的确，菲拉教师的话是正确的，过去的生活，不管如何辉煌和暗淡，都随着时光如流水般逝去。要知道，羁绊于过去，是很难洒脱地走向美好明天的。一个人，只有学会放下对环境的坏情绪，适应环境，才能有意识地改变自己，最终改变命运。

在现代企业里，总是有一些人对待工作抱有消极倦怠的态度，对待工作内容总是能拖就拖，要问到为何不积极工作，他会反驳："底层员工，就这么点薪水，没热情努力工作。"那么，既然如此，为何不努力工作、成为你羡慕的高层管理者？再如，一些人抱怨自己经济能力差所以没有去找女朋友，那么为何不努力改善经济状况？其实，归根结底我们还是要记住一句话：你改变不了环境，但你可以改变自己；你改变不了事实，但你可以改变态度。

王明是一位留美的计算机博士，毕业之后，他打算在美国找工作。拿着自己的各个证书以及一些在学校所获得的奖章，四处奔波找工作。可是，两三个月过去了，他还是没有找到合适的工作，因为几乎他所选择的公司都没有录用他，而那些愿意录用他的公司却又是自己瞧不上的。他没有想到，自己堂堂一个博士生，居然沦落到高不成低不就的尴尬处境。思前想后，他决定收起自己所有的证书与奖章，以一种最低的身份前去求职。

没过多久，他就被一家公司录用为程序输入员，这份工作相当简单，对一个博士生来说简直就是大材小用。但王明并没有抱怨什么，即使是最简单的工作，他依然干得一丝不苟。这样干了一个多月，上司发现他能迅速看出程序中的错误，这可不是一般的程序输入员可以相比的，这时候，王明向上司亮出了学士证，上司知道了他的能力，马上给他换了一个与大学毕业生相对的职位。又过了一个月，上司发现他经常能够提出一些独到的有价值的见解，远远比一般大学生要高明。这个时候，王明又亮出了硕士证，上司又立即提升了他的职位。再过一个月，上司觉得他还是跟别人不一样，就开始有意识地质询他，这时候，王明才拿出了自己的博士证，上司对他的能力有了全面的认识，毫不犹豫地重用了他。

当王明陷入了找工作的困境时，他放弃了自己的所有证书，以一个最普通的人的身份去应聘，并获得了一份工作。我们可以想象，一个有着博士学历的人，做一个普通的职员，那该是多么的隐忍。但王明忍耐了下来，他在等待机会，终于，老板开始发现他的能力，渐渐地重用他，最终他获得了自己应有的位置。

总之，任何不满意现在的状态的人都必须要懂得：多改变自己，少埋怨环境。正如一名名人所说的“如果你认为你处在恶劣的环境中，那么请好好地修炼，练好内功，等待爆发的日子。”

第 11 章

人生总有不公平，你必须学着适应和成长

这个世界没有绝对的公平，生活中我们总会遭受不公平的待遇，我们必须学着适应和成长，不断经历，不断见证，不断成长，完成心灵成熟的蜕变。有了成长，我们才能不再依赖，不再迷失在某个未知的路口。

吃亏是福，但拒绝当“软柿子”

古语云：“天时不如地利，地利不如人和”。明·冯梦龙《醒世恒言》第二十一卷也有：“可惜你满腹文章，看不出人情世故。”人的因素任何时候都是成功的必要条件。一个能成大事的人，他自身的能力是一个因素，但关键在于他是否借助别人的强大力量。要想交到好的朋友，我们就必须要舍得付出，愿意吃亏，因为任何情感都经不起斤斤计较，会吃亏才能得人情。

俗话说：“好汉不吃眼前亏。”但有时忍受点小亏反而会获得大的利益。在实际生活中，那些凡是不能忍受吃亏的人，结果却往往吃尽了苦头。的确，人活于世，太过注重私利，就不会交到什么朋友，这个世界上没有人喜欢爱占便宜的人，但没有人不喜欢爱吃亏的人。我们从小也在接受“吃亏是福”的教育，然而，现代社会，却有很多人不明白这个道理。

当然，吃亏并不是要“被动吃亏”，对于那些把我们当成“软柿子”来利用的人，我们必须学会拒绝，否则，这样的吃亏只能是吃力不讨好。

我们发现，在为人处世的过程中，必定有一方会吃点亏，我们不要害怕吃亏，会吃亏才能得人情，当你吃亏的时候，第一，你会心理上赢得了比别人优越的债权感，一个人的社会地位是别人对他负有的社会债务感的总和。第二，这是一种以退为进的处事方式，你的吃亏会表明你是个豁达之人，这样，自然能赢得别人的信任和赞同，好人缘由此开始。

在中国，有句老话叫“无商不奸”。这句话的含义是：商人都是狡诈的。略有贬义。从这句话里，我们能看到自古以来人们对商人的评价——“商人都是唯利是图的”。因此，很多时候，人们对商人都心存芥蒂。而反过来，从商的我们，如果愿意放弃一些利润空间，舍得亏本经营，那么，你就能收获人们的信任。

一个人只要学会吃亏，为人慷慨大方，就能获得大家的支持，然而，任何事情都需要讲究一个“度”字。我们发现，有这样一些人，他们是大家眼中的老好人，他们总是充当着照顾别人的角色，什么亏都肯吃，他们永远只会听到这样的话语“某某，给我拿份文件”“某某，给我倒杯茶”等，长此以往，他们的工作和生活都充满着一种被动的状态，他们只能等待着被要求去做什么，而他们自己是难以决定自己想做什么的。对于这种亏，我们一定要懂得拒绝，否则，你只会被大家当成“软柿子”。

在一家大型的广告公司里，有一个勤快的姑娘，大家都叫她小王，小王头脑聪明、热情助人，刚刚进入公司的时候，她就下定决心要从最基层做起，要成为所有人的好朋友。所以，公司里的事情，属于自己分内的，她会努力做好，不属于自己分内的，只要有人喊自己帮忙，她也会努力做好，慢慢地，她在同事之间赢得了一个“热心肠”的绰号。

小王感到十分满意，但是过了一段时间以后，她才发现：有些事情，同事原本是自己可以做的，但他们总是让自己去帮忙，有些人的态度很随意，似乎吩咐小王是一件理所当然的事情，帮忙之后，甚至连“谢谢”都懒得说，似乎让小王帮忙是给了小王很大的面子。甚至有的人，还将自己手头的工作交给小王去做，而他自己竟然去做私活。

小王虽然心里不高兴，但又不好意思拒绝，更关键的是不懂得拒绝，结果被那些事情弄得乱七八糟，整天忙得脚不沾地，工作非常被动，而且自己的工作还经常出现小错误。小王感到很烦恼：自己热心帮助同事有错吗？为什么会让自己变得这样被动呢？

案例中，小王热心帮助同事并没有错，错在于她来者不拒，不懂说“不”。工作中，当同事遇到了不能解决的问题，你出手帮助是应该的，但帮助同事也应该有个度，否则，无度地吃亏会让你陷入非常被动的状态。

因此，从这一点看，我们任何一个人，都必须要明白，愿意吃亏是好事，但别被动吃亏。否则，势必给自己带来更大的困挠，同时也会让自己处于被动的境地。

做个明白人

在中国儒家的处事之道中，大智若愚被推崇为高明的交际应酬智慧，在当今社会，会装傻的人往往左右逢源，交际中如鱼得水，装傻是一种最高境界的交际哲学，装傻并非真傻，而是大智若愚。做人切忌恃才自傲，不知饶人。锋芒太露易遭嫉恨，更容易树敌，“枪打出头鸟”，功高震主不知给多少臣子招致杀身之祸，假痴者可以迷惑对方，掩盖自己的真实才能，做个会装傻的明白人，才是上乘的交际之策。

那些做事太过认真，爱较真，或者说死心眼的人，在人际交往中，总是吃不开。这就再次证明，“难得糊涂”，确实是一剂人生“良药”。小则使自己免受伤害，大则能助自己飞黄腾达。因此，“难得糊涂”就不只挂在墙上、摆在案头了，它已经深入到许多成功者或希望成功者的心头，真的成了人生的信条。

与人交际的过程中，我们要懂得适时“装傻”的技巧，不露自己的高明，更不能纠正对方的错误。装傻可以为人遮羞，自找台阶；可以故作不知达成幽默，让别人放下心中的警惕和芥蒂，成功地攻破人心。

苏联卫国战争初期，德军长驱直入。这是一个关乎整个民族生死存亡的时刻，因此，即便那些曾经驰骋沙场的老将也带头站出来要保卫祖国。其中就包括铁木辛哥。当然，他们的年纪的确也让他们感到力不从心，在这种情况下，一批年轻的军事家脱颖而出。

江山代有才人出，老将还是不得不承认未来的天下是年轻人的，当然，他们在思想上肯定也是有波动的。

1964年2月，苏联老元帅铁木辛哥受命去波罗的海，他的任务是协调一、二方面军的行动，青年将领什捷缅科被任命为他的参谋长。其实，什捷缅科心里明白，这位老元帅对总参部的年轻人的能力是持怀疑态度的，但上级的命令，只好服从。

他们一起上了通往波罗的海的火车。晚饭时候，一场不愉快的谈话便开始了。铁木辛哥先发出一通连珠炮："上级为什么派你做我的参谋长，难道是来监督我们的？别做梦了。当年我们领军打仗的时候，你们还是一群只会在桌子底下爬的孩子，我们为你们建立起了苏维埃政府，而如今，你们从军事学校毕业了，就觉得很了不起了吗？革命开始的时候，你才几岁？"这通教训，简直一点情分都没有留。但什捷缅科却老实地回答："那时候，我刚满10岁。"接着，他又心平气和地与老元帅交谈了会儿，并表示自己很愿意向他学习，最后，铁木辛哥说："算了，外交家，睡觉吧。时间会证明谁是什么样的人。"

就这样，他们一起并肩战斗了一个月。又一次，他们在一起喝茶，铁木辛哥突然说："现在我明白了，我误会了你，你不是我想的那种人，我还以为你是斯大林专门派来监督我的……"后来什捷缅科被召回时，心里很舍不得和铁木辛哥分离。又过了一个月，铁木辛哥亲自向大本营提出要求，调这个晚辈来共事。

长江后浪推前浪，这是理所当然的事，但作为老将的铁木辛哥心中自然不好受，这也是情理之中的事，面对铁木辛哥的发难，什捷缅科在受辱之时装憨相，过了铁元帅关，体现了后生的谦卑及对前辈的尊重，是大智若愚的表现。懂得装傻者绝非傻子，憨厚有时是最高智慧者才能为之。许多时候，要想受到别人的敬重，就必须掩藏你的聪明。

当然，除了大智若愚以外，我们还可以睁一只眼闭一只眼，揣着明白装糊涂，这是一种大智慧。在交际活动中，语言的功效固然不容置疑，但是很多时候单凭言语难以说服对方，采用交际情境表义，采用一些“虚张声势”的小计谋，常可产生言语不能达到的效应，这是聪明人的装傻哲学。

所以，当今社会，与人打交道时，我们显露才华要适可而止，适当的时候装装傻。当然，装傻也是需要很好的演技，否则，如果没有掌握得恰到好处，反而会弄巧成拙，这就考验到我们见机行事的能力！聪明的人会故意装傻，交际中给自己留有余地！

可见，会装傻的人才是真聪明，才是大智慧的表现，我们在与人交际应酬的过程中，切忌锋芒毕露，要学会圆润处事，要学会半开半合，微醉微醒，做个装傻的明白人！

平衡内心，将不幸转化为幸运

常言道，幸福的家庭都是相似的，不幸的家庭却各有各的不幸。我们要说，幸福的人生也是各有相同，但是不幸的人生却有大的不同。很多时候，我们误以为自己就是最艰难的，殊不知这个世界上还有很多人比我们更艰难。曾经一个人感到非常的沮丧绝望，对人生也失去信心，但是他有一天突然遇到一个没有腿的人，这才猛然醒悟自己并不是世界上最倒霉的那一个。的确，你永远也不是最倒霉的那一个，所以不要沮丧绝望，而是要相信每个人都各有各的不幸，谁也无法预料人生终究会走到什么地方，或者是看到怎样的风景。在面对不幸的时候，只要我们能够更加坦然从容，积极乐观，那么我们就会看到上帝在为我们关上一扇门之后，也同时为我们打开了一扇窗户。也许上帝剥夺了你健康的身体，但是却让你感受到来自亲人和朋友的真情；也许上帝没有给你财富，但是却让你四肢健全，头脑灵活。中国也有句俗话，叫作情场失意，牌场得意。当然，这并非让那些失恋的人都去打牌，而是告诉人们凡事不会两全其美，我们要在失意的时候学会平衡自己的内心。

现代社会，毋庸置疑，生存压力越来越大，因而很多年轻人都会抱怨命运不公，也会因为在生活和工作中的发展不如意，而哀叹不已。殊不知，和那些更不幸的人相比，我们拥有很多，也得到了命运的馈赠，所以不要抱怨，因为我们并不是那个最不幸的人。一旦想到这个世界上还有很多人比我们更加悲惨，我们也就不再愤愤不平，而是能够鼓起勇气面对人生的种种磨难。在我们的坚持中，相信最终天上的阴霾会散尽，阳光也会普照大地，带给我们温暖和明媚的心情。

从本质上而言，任何不幸都不是最不幸，而唯有当我们觉得自己就是世界上最不幸的那个人时，才是真正的不幸。一旦我们把自己当成最不幸的那个人，我们就会对生命绝望，甚至充满怨愤。毋庸置疑，现实生活总是不能使我们完全满意。但是哪怕处于人生的低潮时期，我们也要摆正心态，坚持自我，不忘初心，朝着自己最初的方向奋发和努力。大文豪莎士比亚曾经对一个刚刚成为孤儿的孩子说，“你很幸运，因为你被不幸选中了”。莎士比亚之所以这么说，是因为对于每个人而言，不幸都是人生的学校，都是人生之中不可或缺的生命历程和体验。孩子对于莎士比亚的话似懂非懂，然而生命的历练最终使他成为举世闻名的物理学家，也让他比那些幸运地拥有父母疼爱的孩子做出了更大的成就。他就是英国剑桥大学的曾任校长——杰克詹姆士。在不幸的命运之中，他成功地赢得了命运的眷顾，做出了伟大的事业。

幸福的人生都是相似的，尽管通往成功的道路各不相同。但是不幸的人却各有各的不幸，我们的生命因为不幸而变得更加厚重，我们的未来也因为不幸变得触手可及。一个人如果不曾失去，就不会懂得珍惜拥有，一个人如果不曾心痛，就不会知道快乐的滋味。所以朋友们，从现在开始，再也不要因为人生中的各种不幸而悲伤绝望了，只要我们始终心怀希望，我们就能从不幸的阴霾中看到希望，也就能够从幸福快乐之中体验到生命的真谛。最大的不幸就是始终被不幸的阴云笼罩着，而不知道撇开乌云见天日。此时此刻，我们最应该做的就是把不幸转化为幸运，让我们人生之中的每一天都能阳光灿烂！

不怕被利用，就怕没有用

现实生活中，很多朋友都不愿意被他人利用，总觉得这是一件侮辱自己的事情，是完全不可接受的。殊不知，你之所以被利用，恰恰是因为你还有被利用的价值，最悲哀的事情不是被他人利用，而是根本没有人愿意利用他们，因为他们毫无价值。所以面对他人的利用，我们与其怨声载道，不如一笑置之。继续接受他人的利用，发挥自身的价值，最终实现自己的伟大理想和抱负。

很多年轻人初入职场，就频繁遭受被利用的境遇，也在人生的路上不断地被打击，甚至被他人折磨。不得不说，这样的遭遇的确很糟糕，但是人生成长的历程是不可取代的。就像小小的孩子在学走路的过程中总是会跌倒，甚至摔得鼻青脸肿一样，年轻人在成长的道路上也必然经历很多艰难坎坷。唯有摆正心态，坦然面对他人的利用，知道他人的利用正是对我们自身价值的肯定，我们才能更加从容前行。

常言道，不怕被利用，就怕没有用。年轻人被利用不可怕，重要的是在被他人利用的过程中，采取正确的态度面对。这样，年轻人才能积极乐观，而不会被沮丧纠缠。

很久以前，果园里的一棵苹果树结出了很多苹果。

其中有一个苹果完全不像其他的兄弟姐妹一样红艳艳的，又大又圆，而是非常小，干瘪丑陋。随着时间的流逝，苹果渐渐成熟，很快那些大块头的苹果就都被摘走了，走上了主人的餐桌。留在树上的苹果中，这个苹果依然毫不起眼。直到霜降之后，主人才把所有的苹果都摘下来，拿到集市上去卖。然而，在人们或者粗糙，或者新嫩，或者软滑的手挑挑拣拣之后，这个丑苹果依然被剩下来。最终，它被倒入垃圾桶里。在它身边，有很多腐烂的苹果正在继续腐烂。它们怨声载道，唯有丑苹果很高兴地唱着歌儿。

垃圾桶很纳闷，问丑苹果："你都遭到这样的厄运了，为何还是乐呵呵的呢？"丑苹果笑着说："我为什么要难过呢！我只是一个丑苹果。虽然我没有被人们选中，走上漂亮的、铺着桌布的餐桌，但是我却来到你的怀抱里。不久之后，我会回到大地母亲的怀抱，最终生根发芽，也许我会结出一树的大苹果呢！"

对于丑苹果而言，它是幸运的，因为它很清楚自己有何价值。所以它坦然回到大地母亲的怀抱，也成功地生根发芽结果，最终长成了一棵粗壮的苹果树，让苹果挂满自己的枝头。不管是一个丑苹果，还是一个人，抑或是某一个事物，唯有拥有自身的价值，存在才是有意义的。

年轻的朋友们，与其不停地抱怨命运不公，不如微笑着面对命运的安排，从容找到自身存在的价值。不要害怕自己被利用，因为不管价值以何种形式体现出来，都远远胜过于没有价值的存在。所以感谢他人的利用，微笑着拥抱人生吧！

对“小人”不妨退避三舍

现代社会，人际间的竞争越来越激烈，在这样的大环境下，并不是每个人都愿意采取公平竞争的方式。生活中，总是有那么一些人，在与人交往的时候，心怀鬼胎、作风不正、行事诡诈，冷不防就会对那些有损他们利益的人要点手段，让人防不胜防，对于这样的人，我们做不到处处提防，但可以退避三舍。尤其是人生阅历浅薄年轻人，无论在工作还是生活中，你可以保证自己做人做事光明磊落，但不能保证别人也是如此，对于那些行事诡诈之人，只有远离他们，才能让自己有效地减少危险。

可能很多职场新手都会遇到这样的问题：那些前辈一个个都对自己礼貌有加，为了能加深与前辈的关系，你会主动将自己的一些小秘密与他们分享，你满以为自己已经在职场交到真正的朋友。可是，似乎升职、加薪都与你无缘，你以为自己努力不够或者是运气不好，即使你心存疑虑，但还是一直努力地工作着……但事实上，你根本没想到，是那些你所谓的“朋友”和“前辈”绊了你一脚。大多数在职场栽跟头的人都是因为没有避开这些“小人”的暗算。

对于这样的小人，我们该怎么对付呢？我们先来看看小杨是怎么做的。

小周和小杨是很好的朋友。无论是生活中，还是工作上，小周都对小杨照顾有加，但知人知面不知心，最终出卖小杨的就是小周。

“小周太过分了！”刚被领导训了一顿的小杨气呼呼地发牢骚，“我的案子怎么就成了他的了？我还成了剽窃者？这月奖金又泡汤了！”小杨的话立刻引起办公室里其他同事的共鸣。小周做事确实不够磊落，他总是喜欢剽窃办公室其他同事的心血。平时，他总是对大家和颜悦色，不是帮大家买午饭，就是冲咖啡。表面上看，他是个很随和的人，但背地里却另有一套。

关于这次事件，小杨是这样陈述的。

“昨天，我很满意地完成了一个策划交给经理。谁知今天他找到我：‘小杨，我本来很看重你的才华和敬业精神，没有新点子也没什么，但你不该抄袭其他同事的创意。’经理看我一脸惊讶，递给我一份策划书。天哪，竟然和我那份惊人的相似，而策划人竟是小周。面对经理的不满和我好朋友的‘心血’，我哑口无言，因为我没有任何证据证明我的清白。”在大家的帮助下，小杨决定找个机会澄清事实。

机会终于来了，小杨接了一个很重要的案子，他比平时更忙碌，他从自己的新点子里筛出了两个方案，做出A、B两份策划书，明里小周还是经常主动来帮他做A策划书，但暗地里小杨已把B策划书做好交给了经理，并请经理配合他先不说出去。果然，不久小周交上一份和A策划书颇为相似的策划，明白真相后的经理非常恼火，请小周另谋高就了。

这里，小杨是聪明的，他并没有直接和小周挑明，团结同事，发挥才智，让他当场现形，遏制住他的势头。如果碍于情面或讲君子风范，吃亏的只能是自己。

小杨更是幸运的，现实生活中，对于小人，我们多半都是斗不过的，“小人”就是“小人”，不管他身处何职，出的点子、办的事情都是“小家子”气，他们行事诡诈，总是想着整人、害人，否则就枉费了“小人”之名，这就叫：本性难改。对待这类人只有一个办法：不予理睬、退避三舍。这类“伪君子”每个群体里皆会有，但似乎职场更为多见。

阴险的人没有明显的标志，一般情况下，短时间内不容易辨别，但随着时间的推移，终究会露出蛛丝马迹。阴险之人的表现大体有以下几个特点。

喜欢造谣生事。他们把造谣生事当成家常便饭一样，乐此不疲。为了达到自己的目的，不惜诽谤别人，诋毁别人的名誉。

喜欢挑拨离间。他们为了达到谋取个人利益的目的，通常会用离间法挑拨别人之间的感情，好从中坐收渔翁之利。

擅长拍马奉承。这种人嘴甜如蜜，善于恭维别人、拍马屁。

为人势利。他们对有权有势的人关怀备至，一旦有一天他们发现自己所依附的靠山调离此处或出现问题轰然倒塌，他们就会落井下石，迅速抛弃对方，另寻高枝。

人们说，“防人之心不可无”，这种人才是最应当引起注意的人。而且这种人，不与他一起工作过很长的时间，是不可能发现他们的阴毒的。这样，在你刚与之接触时，他们无比热忱并会踊跃地为你解决一些小问题，而且为你想得很周密，也表示出来真是为了辅助你的样子，主观上也能达到为你好的效果。但是，这里有个条件，你不能侵占他们的好处，好比升职、加薪等。否则的话，他们会立刻拉下脸来，与你拼个鱼死网破。

总之，与这样的人交往，要有防范之心。他们一般都攻于心计，和别人交往时，他们往往把自己真实的一面隐藏起来。交往中遇到这样的人，切记不要让他们完全掌握你的秘密和底细，更不要为他们所利用，或一不小心陷入他们的圈套之中。

参考文献

[1]塞利格曼.活出最乐观的自己[M]沈阳：万卷出版公司，2010.

[2]道格拉斯·范朋克.笑对人生[M]济南：山东人民出版社，2013.

[3]李瑛.你也可以光芒万丈[M]长春：北方妇女儿童出版社，2018.

[4]悠木苑真.哈佛幸福的方法[M]北京：北京时代华文书局，2016.